Sophie Strodtbeck | Bernd Schröder

ERNÄHRUNG & VERHALTEN beim Hund

Verhalten beeinflussen durch eine typgerechte Fütterung

Müller Rüschlikon

Einbandgestaltung: R2 I Ravenstein, Verden

Titelfoto: Armin Panzer, ALP Fotodesign
Bilder auf der Umschlagrückseite: annaav – stock.adobe.com (oben), privat (unten)

Bildnachweis:
alexei_tm/Shutterstock.com: S. 40; Chalabala/Shutterstock.com: S. 14; Creativan/Shutterstock.com: S. 138; decade3d – anatomyonline/shutterstock: S. 36; Ekaterina Markelova/shutterstock: S. 76/77; Grigorita Ko/Shutterstock.com: Seite 132, Abbildung 23 rechts; Javier Brosch/shutterstock: S. 104/105; Kaja Ni/Shutterstock.com: S. 165; Lenkaden/shutterstock: S. 87; Lili Graphie/Shutterstock.com: S. 135; Mia Hao/shutterstock: S. 85; Mikkel Bigandt – stock.adobe.com: S. 63; North Toda/Shutterstock.com: S. 143; Pressmaster/shutterstock: S. 144/145; 4 PM Production/shutterstock: S. 10; photo-vista – stock.adobe.com: S. 149; SciePro – stock.adobe.com: S. 29; storncreations/Shutterstock.com: S. 66; Taras Verkhovynets/ Shutterstock.com: S. 162; Zontica/Shutterstock.com: S. 68; 279photo Studio/Shutterstock.com: S. 78
Das Symbol bei den Kästen: Mantav Jivva/Shutterstock.com
Bernd Schröder: S. 51
Alle übrigen Fotos stammen von Sophie Strodtbeck.
Die Tabellen und Abbildungen wurden von Bernd Schröder erstellt.

ISBN 978-3-275-02199-4

Postfach 103743, 70032 Stuttgart
Ein Unternehmen der Paul Pietsch Verlage GmbH & Co. KG

3. Auflage 2021

Sie finden uns im Internet unter www.mueller-rueschlikon-verlag.de

Lektorat: Claudia König
Innengestaltung: R2 I Ravenstein, Verden
Druck und Bindung: Graspo CZ, 76302 Zlin
Printed in Czech Republic

Inhaltsverzeichnis

Vorwort

Verhaltensprobleme spielen in der Hundehaltung eine große Rolle. Es gibt eine Vielzahl von Varianten, wie Auffälligkeiten und Störungen des Verhaltens erklärt werden können. Für viele Tierhalterinnen und Tierhalter stellt sich aber oft die Frage, welche Möglichkeiten es gibt, um zusätzlich zu etablierten Verfahren, zum Beispiel der Verhaltenstherapie, Einfluss auf Verhaltensmuster zu nehmen. In dem vorliegenden Buch werden dazu zahlreiche interessante Aspekte angesprochen, die für diesen Themenkreis relevant sind. Besonders wichtig ist es, die Komplexität der Regulation von »Verhalten« zu verstehen. Richtig ist, dass es keine einfachen Patentrezepte gibt, die bei Verhaltensproblemen aus Sicht der Ernährungslehre einzusetzen sind. Wissenschaft ist im Fluss.

Für den Hund liegen zwar Informationen vor, die zeigen, dass Modifikationen der Ernährung erfolgreich bei Verhaltensproblemen eingesetzt werden können. Andererseits ist aber auch klar, dass es zu manchen Fragen zu wenig gesicherte Daten gibt. Dieses Themenfeld gut verständlich für die interessierte Leserin bzw. den interessierten Leser darzustellen, ist in dem vorliegenden Buch sehr gut gelungen.

Dr. med. vet. Jürgen Zentek

Freie Universität Berlin,
Institut für Tierernährung

Bemerkung
Teile des Buchtextes konnten mit entsprechender Zustimmung in originaler oder bearbeiteter Form der Dissertationsschrift von Tina Marie Hämpke entnommen werden. Dafür sind wir sehr dankbar. Die Dissertationsschrift ist an der Stiftung Tierärztliche Hochschule Hannover unter der Betreuung von Apl. Prof. Dr. Bernd Schröder angefertigt worden. Die Schrift ist durch die Bibliothek der TiHo in 2019 veröffentlicht worden und ebenda im PDF Format frei verfügbar (Link: https://elib.tiho-hannover.de/receive/tiho_mods_00000269).

1. EINLEITUNG

Die moderne Gesellschaft stellt heute hohe Ansprüche an den Hund *(Canis familiaris)*. Während der Hund früher oftmals »nur« Arbeitstier oder Hofhund war, ist er heute vor allem Sozialpartner. Die Erwartungen und Ansprüche an den Hund haben sich grundlegend geändert und es wird von ihm ein hohes Maß an Anpassungsfähigkeit verlangt. Nicht jeder Hund ist aber in der Lage, diese zu bewältigen. Hundehalter, Hundetrainer, Tierverhaltenstherapeuten und Tierärzte werden immer häufiger mit verhaltenstherapeutischen Fragestellungen konfrontiert. Oftmals werden Verhaltenstherapien und in einigen Fällen auch verhaltensmedizinische Medikationen notwendig. Doch häufig sucht der Hundehalter, der nicht selten einen Hang zum Anthropomorphismus (= Reflexion menschlicher Eigenschaften auf Tiere) aufweist, in der Anfangsphase erst einmal nach eigenen Ansätzen oder wünscht in der tierärztlichen Sprechstunde eine Behandlung auf natürlicher Basis.

Für den Menschen gibt es inzwischen allerlei »Mittelchen« für jede Lebenslage, die zunächst ausprobiert und auch unterstützend zu einer Therapie eingenommen werden können. Dazu bietet jede gut ausgestattete Drogeriemarktkette eine Vielzahl an Nahrungsergänzungsmitteln an, die laut Herstellerangaben für ein »inneres Gleichgewicht«, einen »ruhigeren Schlaf« oder Stressreduktion sorgen sollen. Insbesondere Super Food (auch »Novel Food«)

hat sich innerhalb der letzten Jahre zu einem universell präsenten Trend entwickelt, der die Grenzen der humanen Nahrung längst überschritten hat[1]. So liegt der Gedanke nahe, dass etwas, das dem Menschen anscheinend hilft, dem Hund auch nicht schaden kann. Viele greifen zur Begründung der Wirksamkeit dieser Nahrungsergänzungsmittel weit in die Geschichte zurück. Doch gibt es auch immer wieder aktuelle Studien aus dem humanmedizinischen Bereich, die der Phytomedizin eine nachweisliche Wirkung bei psychischen Erkrankungen zusprechen[2]. Neben den größtenteils frei erhältlichen, pflanzlichen Präparaten, welche im humanen Bereich genutzt werden, existiert bereits seit längerem auch ein veterinärmedizinischer Markt für Ergänzungsfuttermittel mit angeblich zugesicherter Wirksamkeit auf das Verhalten.

Zahlreiche namhafte Pharma-Unternehmen vermarkten inzwischen Ergänzungsfuttermittel, die Hund und Katze ruhiger und entspannter werden lassen sollen. Während ein Produkt den Wirkstoff L-Theanin aus natürlichem Grüntee-Extrakt enthält, setzt sich ein anderes aus dem aus hydrolysiertem Milchprotein gewonnenen Alpha-Casozepin zusammen. Beide sind inzwischen ein fester Bestandteil der tierärztlichen Praxis geworden und werden mit Erfolg vermarktet. Ebenfalls führen namhafte Futtermittelhersteller Diätfuttermittel, die zur Unterstützung bei Stress und in der Verhaltenstherapie eingesetzt werden können, in ihrem Sortiment.

Auch fernab der Verhaltenstherapie finden immer wieder Futtermittel, Futtermittelzusatzstoffe und pflanzliche Produkte Einzug in die

Beeinflussung des Verhaltens. So werben einige Futtermittelhersteller mit »Smart Puppy«-Rezepturen, welche eine höhere Konzentration der Omega-3-Fettsäure Docosahexaensäure enthalten und unter anderem die Lernfähigkeit der Welpen verbessern sollen. Docosahexaensäuren werden dabei auch in Kombination mit Antioxidantien und anderen Ergänzungsfuttermitteln wie L-Acetyl-Carnitin bei kognitiver Dysfunktion Effekte zugeschrieben[3].

Die erste, viel zitierte Studie zur Beeinflussung des Verhaltens des Hundes im Rahmen der Fütterung entstand 1987 unter dem Titel »The Influence of Nutrition on Canine Behaviour« von Mugford[4], in der er beschreibt, dass eine verminderte Proteinzufuhr territorial-aggressives Verhalten reduzieren kann. Wirklich etabliert hat sich die Forschung in diesem Bereich bisher jedoch nicht, dennoch gibt es gerade seit den 2000er Jahren immer mehr Studien im Bereich der Hundeverhaltenstherapie und den Einfluss der Hundenahrung. Die Nachfrage seitens der Tierbesitzer und auch das Interesse der Hundetrainer an dieser Thematik zeigen, dass in Zeiten eines stetig wachsenden Futtermittelmarktes gleichzeitig ein immer größerer Bedarf nach verhaltenstherapeutischer Betreuung besteht. Verstärkt wird diese Entwicklung noch durch die in den sozialen Medien teilweise fundamentalistisch vertretenen Konzepte, wodurch Tierärzte und andere Fachkundige sich häufig mit Fragen hinsichtlich der Wirksamkeit konfrontiert sehen. Zu guter Letzt stellt die Beeinflussung des Verhaltens z.B. durch Schilddrüsenhormone einen nicht selten dokumentierten und untersuchten Bereich der Verhaltensbeeinflussung durch die Ernährung dar.

Dieses Buch möchte eine umfangreiche Übersicht und wissenschaftliche Beurteilung des Einflusses der Ernährung – in Form von Nährstoffzusammensetzung, Ergänzungsfuttermitteln und Phytotherapeutika – auf die Neurophysiologie und das Verhalten des Hundes geben und diese hinsichtlich ihrer Wirksamkeit, Attraktivität und Anwendbarkeit für die Praxis beurteilen. Den Verfassern ist bewusst, dass aufgrund des enormen Marktes an Präparaten und immer neuen Ansätzen im Bereich der Ergänzungsfuttermittel, Nahrungsergänzungsmittel, Nutraceuticals und der Phytomedizin kein Anspruch auf Vollständigkeit erhoben werden kann. Es werden hier nach bestem Kenntnisstand alle in der einschlägigen Fachliteratur empfohlenen und in fachlichen Diskussionen häufig erwähnten Stoffe, Phytotherapeutika und Präparate analysiert und diskutiert. Wir möchten eine Einführung geben, inwieweit eine Einbeziehung in den Stoffwechsel nach Aufnahme über die Nahrung aufgrund der spezifischen Verdauungsphysiologie des Hundes überhaupt möglich ist, und welche biochemischen und neurophysiologischen Grundlagen einer Verhaltensbeeinflussung im Rahmen der physiologischen Abläufe zugrunde liegen. Leider lassen sich Verhaltensprobleme nicht einfach »wegfüttern«, aber die Umstellung der Ernährung auf die individuellen Bedürfnisse des Hundes und der gezielte Einsatz von Nahrungsergänzungsmitteln stellt oft ein Mosaiksteinchen im Umgang mit diversen Problemen dar und ermöglicht es häufig, den Hund ansprechbarer für eine gezielte Therapie und die anderen Mosaiksteinchen zu machen, damit am Ende ein rundes Bild entstehen kann. Dies zeigen auch langjährige eigene Erfahrungen in der Beratung von Hunden und ihren Menschen.

Wir wollen in diesem Buch eine Bestandsaufnahme zur Wirksamkeit der Ernährung anhand von bisher veröffentlichten Studien bieten. Sofern keine Hunde spezifischen Studien vorlagen, haben wir wissenschaftliche Erkenntnisse von anderen Spezies, wie z.B.

Hunde sind individuell und genauso sollte es eine typadäquate Ernährung sein.

den Modellorganismen Maus oder Ratte, oder eben aus der humanmedizinischen Forschung gesucht. Allerdings ist die Übertragbarkeit der Aussagen hinsichtlich Analogien und Differenzen in der Physiologie, dem Stoffwechsel und der Ernährung und des Verhaltens mit Vorsicht zu betrachten. Da der individuelle Bedarf eines Hundes von verschiedenen Faktoren abhängig ist und zunächst auch die Zusammensetzung und die Gehalte verschiedener Inhaltsstoffe in der bisherigen Ernährung bekannt sein müssen, werden in diesem Buch keine konkreten Dosierungsanweisungen gegeben, sondern es wird auf die individuelle Rationsüberprüfung/-berechnung verwiesen, um Über- oder Unterversorgungen zu vermeiden.

Eine organisatorische Bemerkung bevor es losgeht mit dem hoffentlich vergnüglichen und lehrreichen Lesen: Selbstverständlich ist uns als AutorInnen dieses Buches bewusst, was für einen großen Einfluss eine geschlechtergerechte Sprache hat. Dennoch haben wir uns zu Gunsten einer besseren Lesbarkeit des Buches dafür entschieden, nicht zu gendern, sondern bei der männlichen Form zu bleiben, auch wenn vermutlich der Großteil unserer LeserInnen weiblich sein wird, da das Thema Hund das in der Regel mit sich bringt. Dennoch sei an dieser Stelle ausdrücklich betont, dass wir natürlich Hundehalterinnen wie Hundehalter, Hundetrainerinnen wie Hundetrainer, Rüden wie Hündinnen und Näpfe wie Näpfinnen und viele andere gleichermaßen ansprechen!

2.

Was ist und wie funktioniert VERHALTEN?

2.1.

Die Definition

Es gibt wenige Begrifflichkeiten in der Hundeliteratur, die so oft verwendet werden wie der Begriff des Verhaltens. Definitionen dafür, was jeweils genau gemeint ist, sind jedoch selten zu finden. Die Definition des Verhaltens zeigt sich hierbei zumeist abhängig von der wissenschaftlichen Herangehensweise.

Der Duden beschreibt das Verhalten als »Art und Weise, wie sich ein Lebewesen, verhält« im Sinne von »wie ein Lebewesen reagiert« und gibt synonym dazu Begriffe wie »Auftreten, Benehmen, Gebaren, Manier, Verfahrensweise, ...« an. Im Brockhaus wird »Verhalten, als zusammenfassende Bezeichnung für alle Aktivitäten des lebenden Organismus (Bewegungen, Körperstellungen, Lautäußerungen, chemische und taktile Signale u. a.), die wahrnehmbar, messbar, manchmal auch nur zu erschließen sind [...]«, erwähnt.

Auf der Suche nach einer Definition in spezifischer Fachliteratur der Ethologie (Verhaltensforschung), Verhaltensbiologie und der humanen, klinischen Psychologie und Psychiatrie, findet man Ansätze wie: »Verhalten ist jenes Geschehen, das, an einem Organismus oder von einem Organismus ausgehend, außenseitig wahrnehmbar ist.«

Stark vereinfacht bedeutet Verhalten aber zumindest biologisch gesehen eine Anpassung an die äußere Umwelt und an das innere Körpermilieu. Ein einfaches Modell wird in Abb. 1 präsentiert. Das Modell basiert auf der von Schroll et al.[5] beschriebenen Strukturhypothese. Demnach wird das Verhalten neben der Beschreibung als biologischer Regelkreis in elementare, analysierbare Elemente eingeteilt. Das sind die sogenannten Psychels, »Psychobiological elements« in Analogie zu den in der digitalen Bilderwelt üblichen Pixel (»Picture elements«).

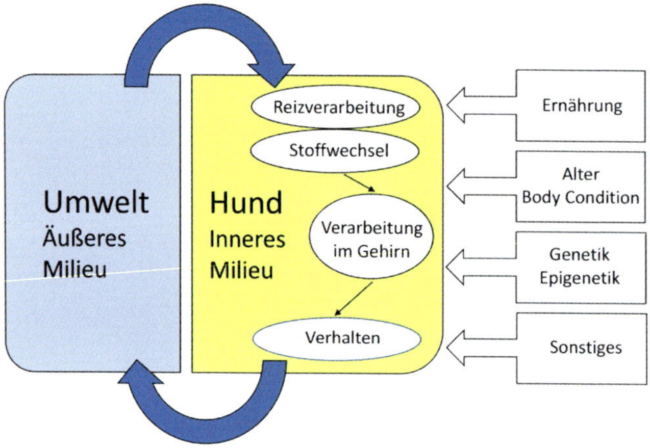

Abbildung 1: Innere und äußere Einflussfaktoren auf das Verhalten des Hundes.

Die 7 wichtigsten Psychels (in Klammern typische Beispiele) und ihre Hierarchie sind:

- Organismen mit seinen Untereinheiten Genetik, Epigenetik, Hormone, Immunsystem, Neurotransmitter, Atmung, Stoffwechsel usw.,
- Stimmungslage (Gesundheit),
- Emotionen (Apathie, Sympathie, Empathie), Kognition (Gedächtnis, Verarbeitung, Aufbereitung, Speicherung) und Wahrnehmung (Sinnesorgane),
- Vegetatives Nervensystem (Sympathikus, Parasympathikus, Stresslevel) und Motorik (Ausdruck, Körperspannung, Leistung, Aktion).

Fazit: **Verhalten**

Auf den Hund bezogen soll Verhalten in diesem Buch in aller Kürze wie folgt interpretiert werden: *»Verhalten ist ein außenseitig durch Menschen, andere Hunde oder andere Arten wahrnehmbares Geschehen, welches der Hund anhand von Veränderungen an seinem Ausdruck, Auftreten oder anderer verbaler oder nonverbaler Kommunikation zeigt und dabei mit seiner Umwelt in eine Interaktion tritt.«*

Lässt sich dieses Verhalten durch Art und Menge des Futters überhaupt beeinflussen und wenn ja, in welchem Ausmaß und in welche Richtung?

2.2. Diätetische Beeinflussung

Das Verhalten eines Organismus unterliegt vielfältigen neurophysiologischen Einflüssen, welche noch längst nicht vollständig aufgeklärt sind. Grundlegend sind neurophysiologische Steuerungsmechanismen bei allen höheren Arten gleich aufgebaut und unterscheiden sich zumeist am stärksten anhand des Entwicklungsstatus der beteiligten Organe. Um eine mögliche Einflussnahme innerhalb dieser Mechanismen zu vermuten, zu erklären und zu verstehen, ist es wichtig, einen möglichst genauen Aufbau und Ablauf dieser Mechanismen zu kennen.

Verhalten unterliegt zahlreichen Einflüssen (Abb. 2). Begonnen mit der genetischen Variation, welche auch innerhalb verschiedener Rassen Einfluss auf eine Veranlagung zu bestimmten Verhaltensweisen zeigt, wird ein großer Teil in der neonatalen Entwicklung und Aufzucht manifestiert, wobei im Rahmen der Neurogenese neue neuronale Zellen entstehen und sich neue Schaltkreise entwickeln, welche im Verlauf des Lebens einer stetigen Entwicklung unterliegen.

Die genetisch vorgegebene Ausprägung an Rezeptoren und bereits vorhandene neuronale Verknüpfungen im Gehirn, stellen die Grundlage für eine hormonelle Ansprechbarkeit und Modifizierung von Reizen dar. Im Bereich des Trainings hin auf ein gewünschtes Verhaltensmuster oder dem Kennenlernen neuer Situationen wird heute zumeist mit positiven Verstärkern gearbeitet. Neben anderen hat auch die aktuelle Verhaltenstherapie mit ihrem Halter-und-Hund-Training das Ziel, vor allem langfristige ethisch vertretbare Ergebnisse zu erreichen. Die Psychopharmakologie dagegen konzentriert sich zumeist auf die direkte oder indirekte Beeinflussung neuronaler Vorgänge bei der Neurotransmission mittels psychoaktiver Substanzen. Dazu gehört auch die Einflussnahme auf das Verhalten durch das Anwenden bestimmter Nährstoffe oder Substanzen in der Nahrung, welche für die Entwicklung oder Aktivität des Gehirns von Bedeutung sind und dann (hoffentlich) zu mess- und wahrnehmbaren Veränderungen des Verhaltens führen sollen.

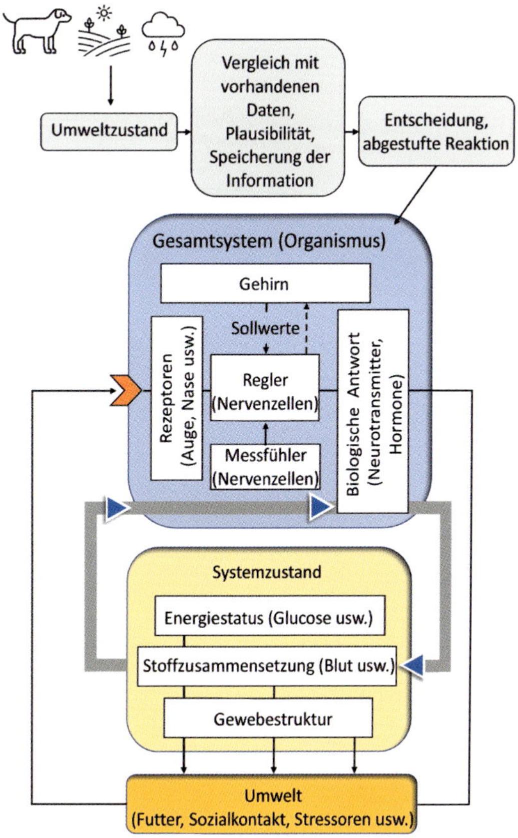

Abbildung 2: Innere und äußere Regelkreise kontrollieren und justieren die jeweilige biologische Antwort des Organismus.

Eine Signalübertragung im Zentralnervensystem (ZNS) kann prinzipiell mittels chemischer oder elektrischer Reize entweder hemmend oder erregend erfolgen. In der Körperperipherie werden über den Magen-Darm-Trakt aufgenommene oder im Körper synthetisierte Neurotransmitter und Hormone bereitgestellt. Um im Zentralnervensystem zu wirken, ist es notwendig, dass diese die schützenden Barrieren des Gehirns, also die sogenannte Blut-Hirn-Schranke, überwinden. Das läuft so ab, dass die Substanzen (z.B. Hormone) die Blutkapillaren durch ihre Rand-(Endothel) und Hüllschicht (Basalmembran) verlassen müssen, um auf der anderen Seite von Stützzellen des Gehirns (Gliazellen) oder Gehirnflüssigkeit *(Liquor cerebrospinalis)* aufgenommen zu werden. Von dort aus werden die Substanzen auf die Nervenzellen (Neurone) verteilt, um ihre Wirkung zu entfalten (Abb. 3).

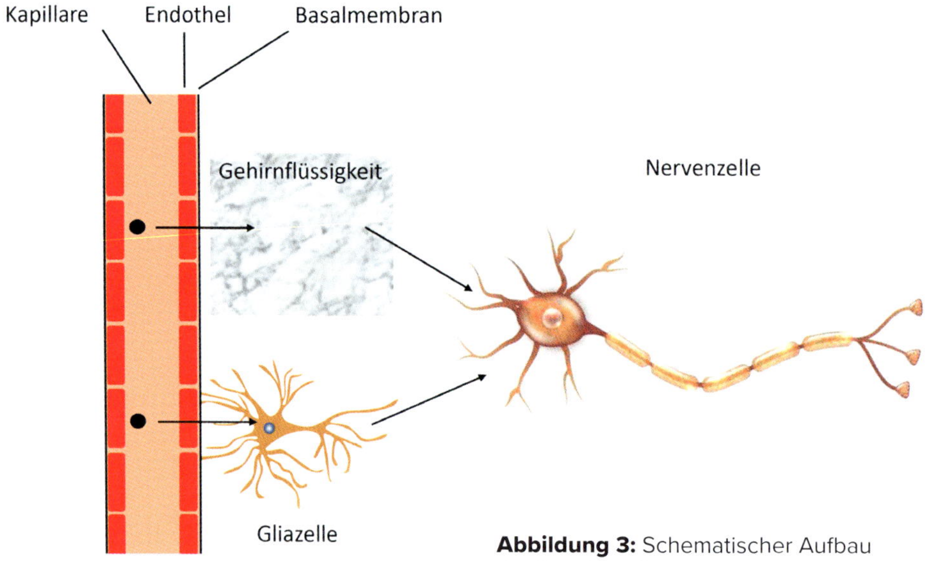

Abbildung 3: Schematischer Aufbau der Blut-Hirn-Schranke.

Im Folgenden sollen einige dieser Hormone und Neurotransmitter (Botenstoffe) und ihre Wirkungsweise erläutert werden.

Als Voraussetzung einer möglichen Einflussnahme gewisser Substanzen auf Gehirnfunktionen gilt, dass sie überhaupt in der Lage sind, die Blut-Hirn-Schranke zu überwinden. Wenn es funktioniert, lässt sich ein Effekt auf der Basis mindestens folgender Möglichkeiten diskutieren:

- Wirkung als Transmitter selbst,
- Förderung seiner Synthese, weil z.B. mehr Ausgangssubstrat vorhanden ist,
- Stimulation der Freisetzung von anderen Transmittern,
- Hemmung der Transmitteraktivität allgemein,
- Regulation der ausgeschütteten Transmittermenge,
- Modulation von Rezeptoraktivitäten, und schließlich
- unterschiedliche Rezeptortypen an unterschiedlichen Nervenzellen.

Indirekte Effekte, wie z.B. die Beeinflussung spezifischer Enzymaktivitäten, Dominoeffekte (Wirkungskaskaden) im Stoffwechsel oder bei der biologischen Zellantwort usw. sind bei diesen Überlegungen noch gar nicht berücksichtigt. Dazu ist die Situation wirklich zu komplex.

Abbildung 4

2.3.
Die üblichen Verdächtigen

Um weiter unten die Frage näher zu untersuchen, ob über die Nahrung Einfluss auf das Verhalten genommen werden kann, müssen wir uns erst einmal die üblichen »Verdächtigen« der an der Verhaltensspirale beteiligten Neurotransmitter und Hormone anschauen. Die gute Nachricht ist, dass die Anzahl der für uns relevanten Beteiligten überschaubar ist: »Die wilden Dreizehn!« (Abb. 4)

2.4.
Die Botenstoffe

Adrenalin und Noradrenalin

Adrenalin (engl. Epinephrine) und Noradrenalin (engl. Norepinephrine) gehören zu den endogenen Katecholaminen, welche im Nebennierenmark gebildet werden. Sie sind die relevantesten Transmitter des Sympathikus und bilden das aktive Kurzzeit-Stresssystem, welches »Fight-or-Flight«-Reaktionen vermittelt. Sie können den Körper auch auf bevorstehende Aktivitäten vorbereiten. Beispielsweise werden sie auch ausgeschüttet, wenn potenzielle Paarungspartner in der Nähe sind[6]. Noradrenalin fördert dabei zusätzlich die Ausschüttung von Testosteron, wodurch die »Kampfbereitschaft« erhöht wird[7]. Adrenalin und Noradrenalin binden im Zentralnervensystem bevorzugt an α1-, α2- und β- Rezeptoren und können sowohl exzitatorisch (erregend) als auch inhibitorisch (hemmend) wirken[8]. Das hängt davon ab, welche Nachrichtenkette in der Zielzelle letztendlich benutzt wird (Abb. 5).

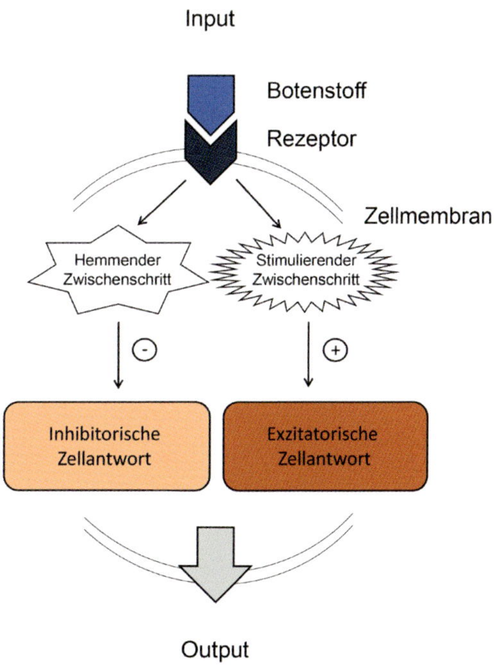

Abbildung 5: Prinzipielle Wege der Signalübermittlung in Zellen.

Dopamin

Ebenfalls zur Gruppe der Katecholamine gehört die biosynthetische Vorstufe von Noradrenalin und Adrenalin, nämlich das Dopamin. Dopamin führt neuromodulatorisch in Wechselwirkung mit Noradrenalin vor allem zu einer als angenehm empfundenen Erregung und einer Belohnungserwartung. In Wechselwirkung mit Noradrenalin, Serotonin und Endorphinen ist es zuständig für Glücksempfindungen[7]. Jedoch bereitet Dopamin nicht nur die Basis der Motivation für Handlungen vor, die zu positiven Empfindungen führen sollen, sondern wurde ebenfalls bei neuronalen Verknüpfungen, welche negative, mit Angst einhergehende, neuronale Aktivitäten assoziieren, identifiziert[9].

Man kann sich nicht nicht verhalten – schon gar nicht als Chihuahua!

Wie genau das reguliert wird, ist unklar. Dopamin wirkt exzitatorisch und inhibitorisch an D1- und D2-Rezeptoren. Genau wie Tryptophan eine wichtige Vorstufe für die Bildung von Serotonin ist (Abb. 6), stellt für den Stoffwechselweg von Dopamin das L-Tyrosin ein wichtiges Verbindungsglied dar. Obwohl L-Tyrosin im Gegensatz zu L-Tryptophan »nur« eine nicht-essenzielle Aminosäure ist (und aus Phenylalanin im Organismus theoretisch ausreichend gebildet werden kann), ist sie für die Produktion von Dopamin sowie von Katecholaminen und Schilddrüsenhormonen von entscheidender Wichtigkeit.

Das wird dann insbesondere auffällig, wenn ein Tyrosin-Mangel vorliegt. Klinische Befunde aus der Humanmedizin berichteten regelmäßig über das Auftreten von Symptomen wie Konzentrationsstörungen, Müdigkeit, Antriebslosigkeit und neurologische Beschwerden bei betroffenen Patienten, also allesamt Kennzeichen, die (zumindest beim Menschen) mit Kognition, Stress und Depression zu tun haben.

Nicht selten wurde Tyrosin als »Aminosäure für gute Stimmung« bezeichnet, und es wurden schon einige Versuche mit diätetischer Tyrosin Supplementierung durchgeführt, um diese Annahme experimentell zu unterstützen[10]. Allerdings hapert es bis heute am klaren Nachweis. Ähnliche Studien am Hund liegen nicht vor.

Serotonin

Serotonin ist ein neurogenes Amin, welches auch unter dem Namen 5-Hydroxytryptamin (5-HT) zu finden ist und über Decarboxylierung von L-Tryptophan über das Zwischenprodukt 5-Hydroxytryptophan (5-HTP) entsteht (Abb. 6). 5-HTP selbst ist eine natürliche Verbindung, die vom Gehirn in Serotonin und Melatonin umgewandelt wird – zwei Neurotransmitter, die u.a. für die Regulierung von Schlafmustern verantwortlich sind. Ein höherer Wert dieser Neurotransmitter wird mit einer verbesserten Einschlaffähigkeit und einem erholsameren, tieferen Schlaf während der gesamten Nacht in Verbindung gebracht. Die Substanz 5-HTP sollte bezüglich seiner potenziellen Wirkung beim Hund im Auge behalten werden, da sie nicht bei der Aufnahme im Darm und beim Transport zum Gehirn mit anderen Aminosäuren konkurriert und dort sehr schnell in Serotonin umgewandelt werden kann. Leider fehlen noch aussagekräftige Versuchsergebnisse für Hunde.

Das Endprodukt der Tryptophan-Umwandlung, das Serotonin, spielt als Neurotransmitter eine bedeutende Rolle für normalen Schlaf, Aufmerksamkeit, Stimmungslage, Fressverhalten und Gedächtnisfunktion und wird gemeinhin auch als »Glückshormon« bezeichnet, jedoch bringen es einige Studien auch mit einer erhöhten Risikobereitschaft und Stressneigung in Verbindung[11]. Spezifische Rezeptoren für Serotonin sind die 5-HT1 (A-D) -, 5-HT2- und 5-HT3-Rezeptoren, woran sowohl eine exzitatorische als auch eine inhibitorische Wirkung möglich ist.

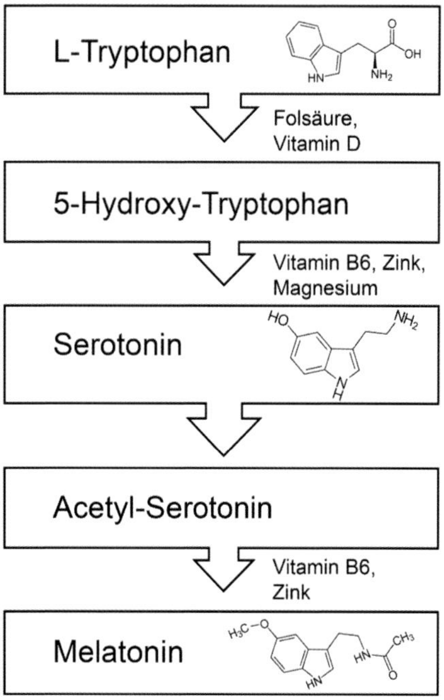

Abbildung 6: Zusammenhang zwischen Tryptophan, Serotonin und Melatonin.

Glutamat

Glutamat ist eine erregend wirkende Aminosäure. Sie ist von Bedeutung bei Lernprozessen und Gedächtnisleistungen. Im Zentralnervensystem bindet Glutamat an NMDA- (N-Methyl-D-Aspartat-) Rezeptoren, AMPA- (α-Amino-3-hydroxy-5-methylisoxazol-4-propionsäure-) Rezeptoren und Kainat-Rezeptoren[12].

GABA

GABA (γ-Aminobuttersäure) ist eine Aminosäure, welche durch Decarboxylierung von Glutamat entsteht, und vor allem inhibitorische Wirkung hat (Abb. 7). Liegt ein Mangel dieser Aminosäure vor, kann es zu impulsivem und zwanghaftem Verhalten kommen. GABA wird eine hohe Beteiligung an Erkrankungen wie Epilepsie zugesprochen. Die Bindung und Wirkung im Zentralnervensystem erfolgt über einen Rezeptor-Komplex an GABA-A- und/oder GABA-B-Rezeptoren.

Glycin

Glycin kann sowohl inhibitorisch als auch exzitatorisch wirken, wobei es zusätzlich die Wirkung von Glutamat verstärken kann. Es wirkt über Gly-1- und Gly-2-Rezeptoren im Zentralnervensystem.

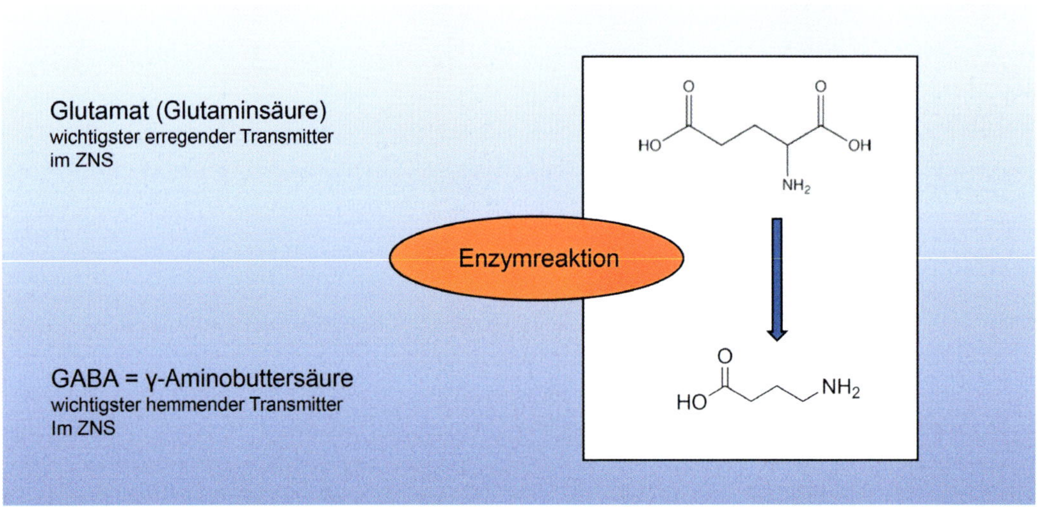

Abbildung 7: GABA entsteht aus Glutamat.

Endorphine

Endogene Opiate wie Endorphine sind Neuropeptide, welche im Zentralnervensystem in Form von »Alles ist wunderbar«-Glücksbotenstoffe« agieren[12]. Sie werden beispielsweise beim Jagen oder Spielen ausgeschüttet und haben einen selbstbelohnenden Effekt, auch bei Interaktionen zwischen Mensch und Hund wurde ein Anstieg von Endorphinen nachgewiesen[13]. In der Blutbahn wird Endorphinen auch eine immunmodulatorische Wirkung zugesprochen, während sie im Zentralnervensystem zum Wohlbefinden beitragen und Schmerzempfinden senken.

Cortisol

Cortisol gehört zu den überwiegend in der Nebennierenrinde gebildeten Glucocorticoiden und wird gemeinhin als Langzeit-Stresshormon bezeichnet, welches in der Vergangenheit in einer Vielzahl von Studien als Parameter für Stressempfinden herangezogen wurde. Es wird dem passiven Stresssystem zugeordnet und mit Unsicherheit, Angst und Panik in Verbindung gebracht[7]. Im Rahmen einer Rückkopplungskaskade im Zentralnervensystem wird die Cortisol-Ausschüttung normalerweise nach einer gewissen Zeit gehemmt. Ist dies durch lange anhaltenden Stress nicht möglich, kann es zu einer Verstärkung von Unsicherheit und anderen Symptomen kommen.

Oxytocin

Das Neuropeptid Oxytocin, der »hormonelle Sozialkleber«, wird meist nur im Zusammenhang mit Geburt und maternaler Bindung (Bindung zur Mutter) genannt, jedoch besitzt es ebenfalls eine wichtige Rolle bei Bindungsverhalten zwischen verschiedenen Spezies und für soziales Wohlbefinden und Vertrauen. Studien konnten nachweisen, dass durch Streicheln eines Hunden nicht nur der Blut-Oxytocin-Spiegel beim Menschen steigt, sondern auch der

Hormone und Botenstoffe sind an der Verhaltensregulation von Hunden maßgeblich beteiligt.

des Hundes[13]. Ebenfalls steigert Oxytocin beim Hund, der mit entsprechenden Rezeptoren ausgestattet ist, die Akzeptanz zur gemeinsamen Problemlösung[14]. Gemeinhin wird Oxytocin auch häufig als »Kuschelhormon« und »Stressbremse« bezeichnet.

Prolaktin

Prolaktin wird in der Hypophyse gebildet und spielt nicht nur für die Milchsekretion beim weiblichen Tier eine Rolle, sondern hat ebenfalls einen hohen Stellenwert bei der Jungtierverteidigung, gleichermaßen auch bei männlichen Hunden, wobei die Wirkung von Prolaktin bei kastrierten Rüden durch den Testosteron-Wegfall noch verstärkt werden kann. Dabei ist nicht nur die Verteidigung der eigenen Nachkommen durch einen hohen Prolaktin-Gehalt stimuliert, sondern auch menschlicher Nachwuchs in der Familie oder (schwangere) Bezugspersonen werden offensiver verteidigt[15]. Verallgemeinernd lässt sich sagen, dass Prolaktin eine wichtige Bedeutung bei der Verteidigung und Pflege von Nachwuchs innerhalb der Bezugsgruppe hat.

Testosteron

Das Sexualhormon Testosteron ist ein wichtiger Gegenspieler zum Cortisol-System. Es wirkt anxiolytisch und fördert das Selbstbewusstsein, wodurch es auch als ein Hormon des sozialen Erfolgs bezeichnet werden kann, auch bei weiblichen Tieren wird Testosteron in diesem Zusammenhang nachgewiesen. Dabei fördert es jedoch auch die Wettbewerbs-Risikobereitschaft[15].

Vasopressin

Das Neuropeptid Vasopressin (auch Antidiuretisches Hormon, ADH), welches aus der Neurohypophyse sezerniert wird, spielt verhaltensbiologisch vor allem im Bereich der

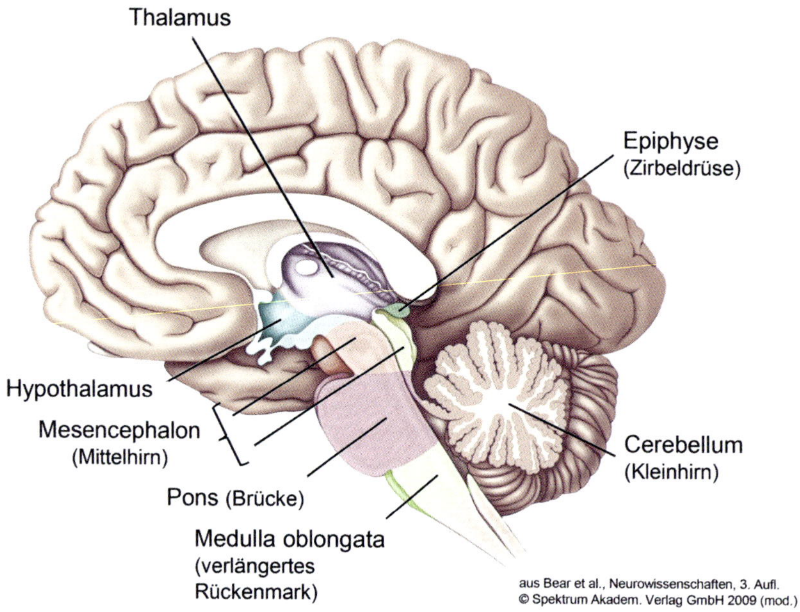

Abbildung 8: Lage der Zirbeldrüse im Gehirn.

sozialen Fürsorge und der Partnerverteidigung eine bedeutende Rolle. Als Co-Transmitter zu Noradrenalin führt es zu Verteidigung gegen unbeteiligte Dritte, jedoch fördert es auch die Geselligkeit und Paarbildung im Rahmen des Vasopressin-Oxytocin-Systems[15].

Melatonin

Melatonin ist ein Hormon, das der Körper selbst herstellt. Es wird hauptsächlich in der Zirbeldrüse (Epiphyse) im Gehirn synthetisiert (Abb. 8).

Geringe Anteile werden allerdings auch in der Netzhaut des Auges und im Darm gebildet. Wie viel von dem Hormon ausgeschüttet wird, hängt zumindest beim Menschen vom Auge ab. Fällt Tageslicht auf die Netzhaut, so wird die Melatoninbildung gehemmt. Bei Dunkelheit dagegen wird die Ausschüttung angeregt. Für den Hund ist die Datenlage noch nicht vergleichbar gut gesichert. An anderer Stelle wird auf die Funktion von Melatonin noch näher eingegangen.

Das freigesetzte Hormon kann an bestimmten Bindungsstellen, etwa an den Blutgefäßen im Gehirn und einigen Zellen des Immunsystems, andocken. So wird dem Körper bei Dunkelheit klargemacht, dass es nun Zeit zum Ruhen ist und beispielsweise der Energieverbrauch heruntergesetzt und der Blutdruck gesenkt werden muss. Außerdem senkt das Hormon die Körpertemperatur, kurbelt das Immunsystem an, beeinflusst die Ausschüttung von Sexualhormonen sowie das Lernen und das Gedächtnis, und damit das Verhalten. Tagsüber ist der Melatoninspiegel beim Menschen etwa drei- bis zwölfmal niedriger als nachts[16]. Je älter der Mensch wird, desto geringer ist die körpereigene Melatonin-Produktion. Dies könnte sich beim Hund, wie bei vielen anderen Säugetieren auch, ähnlich verhalten[17].

Fazit: **Die üblichen Verdächtigen**

Neurotransmitter, die Stimmungslage, Verhalten und andere Körperfunktionen beeinflussen, werden im Organismus aus einfachen chemischen Grundstrukturen durch enzymatische Stoffwechselprozesse hergestellt und auch wieder abgebaut. Solche Grundstrukturen müssen oder können über die Nahrung aufgenommen werden.

Die wichtigsten Stresshormone sind Adrenalin (kurzfristig) und Cortisol (mittel- bis langfristig). Diese Substanzen sind biochemische Botenstoffe, die Anpassungsreaktionen des Körpers bei besonderen Belastungen bewirken. Adrenalin und Cortisol werden in der Nebenniere gebildet. Die eigentliche Funktion der Stresshormone ist das Freisetzen der Energiereserven des Körpers als Vorbereitung auf eine bevorstehende Flucht oder einen Kampf – beides sind unmittelbare Reaktionen auf eine Stresssituation.

Die wichtigsten »Glückshormone« sind Dopamin, Serotonin, Oxytocin und die Gruppe der Endorphine (Abb. 9). Als Glückshormone werden populärwissenschaftlich Hormone und Neurotransmitter bezeichnet, die Wohlbefinden oder Glücksgefühle hervorrufen können. Das erreichen sie meist durch eine stimulierende, entspannende oder schmerzlindernd-betäubende Wirkung.

Etliche weitere Substanzen (die Schätzungen gehen in die Hundert!), wie z.B. Testosteron, Prolaktin, GABA, Phenethylamin (PEA), Glycin oder auch pflanzliche Inhaltsstoffe können sich entweder direkt oder indirekt an der spezifischen Körper- und Gehirnfunktion sowohl exzitatorisch als auch inhibitorisch beteiligen.

Abbildung 9: Stress- und Gute-Laune-Hormone.

3.

Was ist und wie funktioniert VERDAUUNG?

3.1.

Was Pawlow schon wusste

Der Verdauungsapparat (auch Gastrointestinaltrakt oder kurz GIT) des Hundes ist analog zu allen Säugetierarten rohrförmig aufgebaut, aufgenommene Nahrung wird durch physikalische und chemische Mechanismen vorbereitet, um vom Körper aufgenommen werden zu können (Abb. 10).

Dabei hat sich der Verdauungsapparat entwicklungsgeschichtlich angepasst an das jeweils natürliche bzw. physiologische Nahrungsverhalten des Hundes und besteht aus einem sehr effizienten Speicher- und Verdauungsmagen, der die meisten Nahrungsstoffe in unterschiedlicher Weise durch regulierbare Sekretion entweder vor- oder endverdaut und einem im Vergleich zum Pflanzenfresser relativ kurzen Darmkanal mit körpereigenen Enzymen[18]. Insgesamt macht der ungefüllte Verdauungstrakt je nach Hundegröße prozentual 3–7 % der Körpermasse des Hundes aus[19]. Zum Vergleich: Das anteilige Gewicht des Herzens beträgt beim Säugetier normalerweise nur 0,5 %, bei einem 20 kg schwerem Hund also nur 100 g! Das Darm-/Körper-Längenverhältnis beträgt beim Carnivoren (z.B. Katze) 4:1, beim Carni-Omnivoren (z.B. Hund) 6:1, beim Omnivoren (z.B. Schwein) 14:1 und beim Herbivoren immerhin 20:1 (z.B. Rind)!

Der Mensch verhält sich bei dieser Betrachtungsweise mit 7:1 vergleichbar zum Hund, wie überhaupt die Physiologie der Verdauung zwischen Mensch und Hund erstaunlich ähnlich vonstattengeht.

3.2.

Vorne rein, hinten raus: der Verdauungskanal

Speiseröhre – Der Verdauungskanal wird im Prinzip durch ein von der Mundhöhle bis zum Anus reichendes Rohr gebildet, das an einigen Stellen unterschiedlich weit ist und unterschiedliche Aufgaben hat. Man könnte es mit einem Fließband vergleichen. Funktionell lässt sich dieser Kanal in vier übergeordnete Abschnitte unterteilen: Kopfdarm (Lippen bis Schlundkopf), Vorderdarm (Speiseröhre und Magen), Mitteldarm (Dünndarm) und Enddarm (Dickdarm und Rektum bis Anus).

Wie bei anderen Säugetieren sind Lippen, Zähne und Zunge auch beim Hund zentrale Organe zur Futteraufnahme. Durch den Kauvorgang wird der Futterbissen zerkleinert und durch die gleichzeitige Durchfeuchtung mit Speichel in eine besser schluckfähige Form überführt. Im Vergleich zum Menschen und vielen anderen Säugetieren kaut der Hund allerdings das aufgenommene Futter nur in geringem Umfang und schluckt die Brocken schnell ab. Verdauung findet beim Hund, im Gegensatz zum Menschen, in der Maulhöhle nicht statt.

Der Schluckakt stellt einen sehr komplexen, nerval gesteuerten Vorgang dar, der aus einem willkürlichen und einem unwillkürlichen Anteil besteht. Nach dem Transport des Futterbissens durch die Speiseröhre gelangt dieser in den Magen.

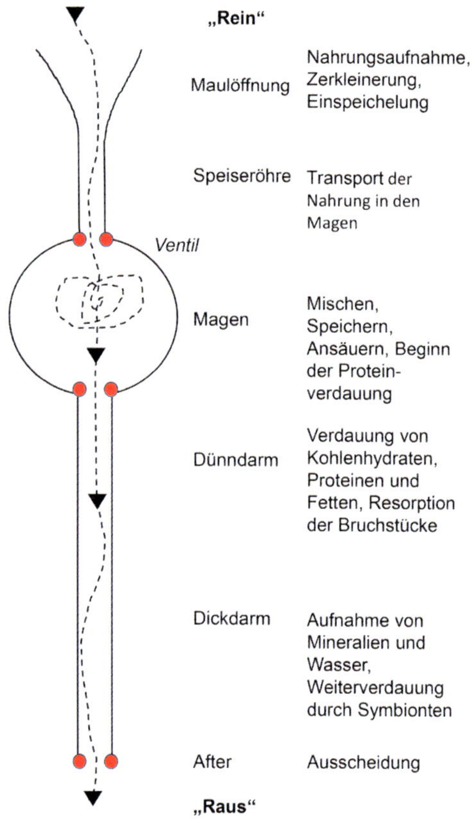

Abbildung 10 : Grundaufbau und Hauptfunktionen des Magen-Darm-Kanals.

Magen – Der Magen hat vielfältige Aufgaben zu erfüllen: Er dient u.a. als Nahrungsspeicher und ermöglicht damit die Diskontinuität der Nahrungsaufnahme. Der Magenwand-Aufbau ist beim Hund derart dehnbar beschaffen, dass die Speicherfunktion beim erwachsenen Hund gegenüber dem nicht gefüllten Magen um bis zum 8-Fachen erhöht werden kann, beim Welpen im Vergleich sogar noch mehr! Zwar finden sich in der Magenwand des Hundes ebenfalls Dehnungsrezeptoren[20], aber die sprechen erst sehr viel später an, als beispielsweise beim Menschen. Der Dehnungszustand wird über sogenannte vago-vagale Afferenzen kontinuierlich an das ZNS gesendet, jedoch erfolgt ein Sättigungsgefühl viel später als das z.B. beim Menschen der Fall wäre.

Die Magenschleimhaut produziert ständig Magensäure (Salzsäure, HCl), sodass der Mageninhalt auf einen pH-Wert auf etwa 6,0 bei einem nüchternen Hund eingestellt wird. Durch Nahrungsaufnahme wird der Magen zur Bildung von mehr Magensäure angeregt und der pH-Wert sinkt auf etwa 2,0–3,0. Auch der pH-Wert wird über vago-vagale Afferenzen an den Hypothalamus gesendet, sodass die »Zentrale« Bescheid weiß, wie sauer es in der »Außenstelle« eingestellt ist. Der durch die HCl-Sekretion bedingte niedrige pH-Wert des Mageninhalts (pH 1–4) führt zur Abtötung vieler mit dem Futter aufgenommener Mikroorganismen, wie z.B. Bakterien (bakterizide Wirkung). Neben seiner bakteriziden Wirkung bewirkt der durch die HCl-Sekretion bedingte niedrige pH-Wert im Magen die Aktivierung von Pepsinogen zu Pepsin, das als Verdauungsenzym für die Verdauung von Protein zuständig ist.

Im Magen werden vor allem die Proteine (Eiweiße) in sogenannte Polypeptidketten vorverdaut. Fette passieren den Magen größtenteils ungehindert, sie werden durch die Darmwandbewegung (Peristaltik) jedoch weicher gemacht (verflüssigt). Kohlenhydrate passieren den Magen genauso ungehindert, da die enzymatische Spaltung von Zuckerverbindungen wegen fehlender Enzyme und dem sauren pH nicht stattfinden kann.

Der Übertritt des mit dem Speichel und dem Magensaft vermischten vorverdauten »Nahrungsbrei« (Chymus) aus dem Magen in den Dünndarm

Magen-Darm-Trakt des Hundes.

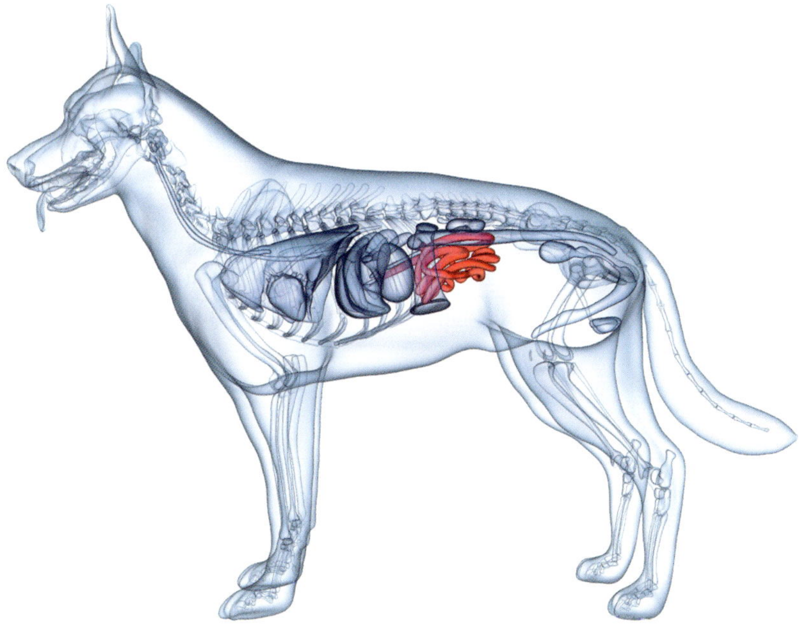

Auch ein Hund ist, was er isst.

erfolgt durch eine vom Zwölffingerdarm (Duodenum) aus präzise regulierte Magenentleerung mit relativ konstanter Rate, wobei weniger das Volumen, sondern vielmehr die Energiedichte der entleerten Chymusportion von Bedeutung ist. Dieser Mechanismus sorgt dafür, dass die Verdauungs- und Absorptionskapazität des Dünndarms nicht überfordert wird.

Dünndarm – Die Länge des Dünndarms beträgt Pi mal Daumen das 7fache der Körperlänge und ist damit das längste Teilstück im Magen-Darm-Trakt. Der Dünndarm reicht vom Pförtner des Magens bis zur Ileozäkalklappe am Übergang zum Dickdarm und wird in den Zwölffingerdarm (Duodenum), den Leerdarm (Jejunum) und den Krummdarm (Ileum) gegliedert. Da der Speisebrei aus dem Magen oft sehr sauer ist, muss dieser erst neutralisiert werden. Das geschieht im Wesentlichen im Zwölffingerdarm, indem von der Bauchspeicheldrüse (Pankreas) und der Darmschleimhaut ein neutralisierendes Sekret abgegeben wird (Sekretion). Der gesamte Dünndarm ist weiterhin Hauptort der Verdauung und der Aufnahme der Nahrungsbestandteile (Kohlenhydrate, Proteine, Fette, Vitamine, Elektrolyte und Wasser), für das Ileum kommt noch die Aufgabe der Immunabwehr hinzu. Zur Verdauung zählt man prinzipiell die Aufspaltung der Nahrung in ihre verschiedenen Bestandteile (genauer: den Abbau hin zu niedermolekularen Verbindungen) und deren Aufnahme. Dazu dienen die Bewegungen der Organe des Magen-Darm-Trakts, die man als gastrointestinale Motilität bezeichnet, weiterhin die verschiedenen Verdauungssekrete aus dem Magen (beginnende Proteinverdauung), dem Pankreas (für Kohlenhydrat- und Proteinverdauung) und der Leber (für Fettverdauung) und schließlich die Verdauungsenzyme, die sich in den Verdauungssekreten der Darmschleimhaut befinden (Abb. 11).

Die Bewegungen (Motilität) des Dünndarms transportieren die Nahrung im Dünndarm weiter, zerkleinern sie und vermischen sie mit den Verdauungssekreten. Die neuronale Grundlage von Darmbewegungen ist komplex. Eine große

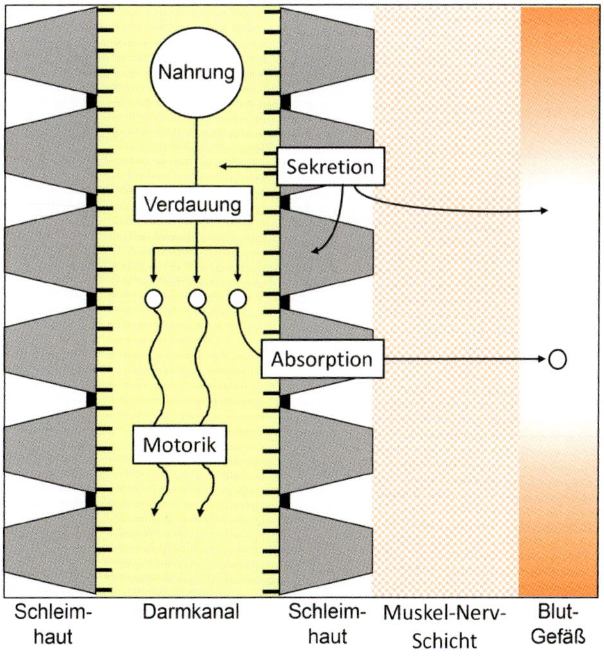

Abbildung 11: Schematischer Ablauf der Verdauung.

Abbildung 12: Stellung des ENS im gesamten Nervensystem.

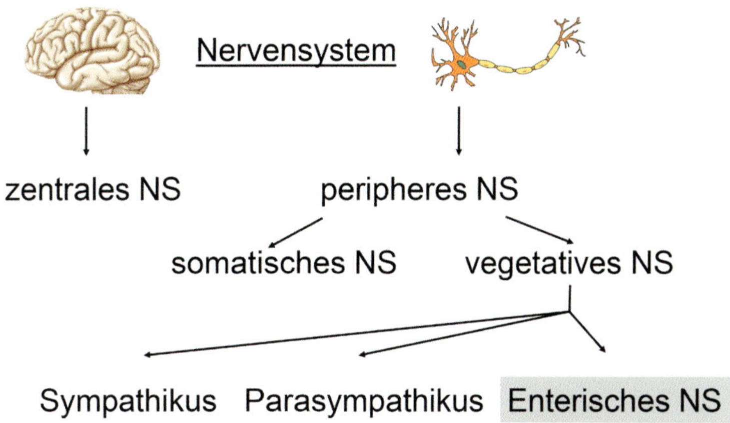

Rolle spielt das »Bauchhirn«, das Enterische Nervensystem (ENS), welches einen Teil des Vegetativen Nervensystems (VNS) darstellt (Abb. 12). Das ENS ist über sehr lange Nervenfasern mit dem ZNS verbunden. Über diesen Weg wird das Gehirn ständig über den aktuellen Zustand im Magen-Darm-Trakt informiert, ja das »Bauchhirn« kann sogar Emotionen beeinflussen (»Schmetterlinge im Bauch«). Man hat im ENS mehr Nervenzellen gezählt, als im gesamten Rückenmark.

Dickdarm – Der Dickdarm ist der letzte Teil des Verdauungstraktes. Er ist der Teil des Darms, der nach dem Dünndarm beginnt und am Anus endet. Seine wesentliche Funktion liegt in der Aufnahme von Elektrolyten, Wasser, Stoffwechselprodukten der mikrobiellen Fermentation und im Transport und in der Speicherung des Kots.

The End – Nach Passage des Kots durch den Enddarm verlässt er durch den Anus (After) den Darm. Um die Öffnung des Anus sind unter der Haut bzw. Schleimhaut zwei Schließmuskeln angeordnet, die gemeinsam mit weiteren Strukturen des Enddarms das Kontinenzorgan bilden, sodass der Hund anatomisch und physiologisch in der Lage ist, einhalten zu können. Die physiologische Verweildauer der Nahrung im Magen-Darm-Trakt des Hundes kann nur in einem weiten Bereich angegeben werden, weil sie durch viele Parameter beeinflusst wird, wie z.B. Rasse, Alter, Anatomie des Magen-Darm-Kanals, neuropsychologische Bedingungen und Nahrungszusammensetzung. Die Verweildauer von Nahrung im Magen beträgt 5–7 Stunden, diejenige im Dünndarm um die 3 Stunden und schließlich beträgt der Aufenthalt im Dickdarm weitere 10–30 Stunden[21]. Unterm Strich bedeutet das, dass aufgenommene bzw. verdaute Nahrung normalerweise schon innerhalb eines Tages oder weniger im Kot nachweisbar sein kann.

Der Bedarf von großen und kleinen Hunden ist unterschiedlich.

Praxisrelevant ist an dieser Stelle für die Halter entsprechend verfressener Hunde (nein, wir sprechen an dieser Stelle nicht die Beagle- und Retrieverhalter an!) die Verweildauer im Magen, und zwar dann, wenn man die Aufnahme von giftigen Substanzen vermutet. Eine Apomorphin-Injektion (»Kotzspritze«) löst – je nachdem, was gefressen wurde – bis zu zwei Stunden nach der Aufnahme Erbrechen beim Hund aus.

Fütterung ist ein wichtiger Bestandteil der Lebensqualität von Hunden.

4. Gesunder Bauch – GESUNDER HUND

4.1. Der Darm und sein Gehirn

Das Enterische Nervensystem (ENS) besteht aus einem komplexen Geflecht von Nervenzellen, das nahezu den gesamten Magen-Darm-Trakt, also selbst die Speiseröhre, durchzieht. Dieser Teil des Vegetativen Nervensystems befindet sich als dünne Schicht zwischen den Muskeln des Verdauungsapparates, die für die Darmbewegungen verantwortlich sind. Seine Aufgabe ist damit z.B. die Verdauung zu steuern. Das ENS kann durchaus vollständig autonom arbeiten, unterliegt aber unter normalen Voraussetzungen immer den Einflüssen von Sympathikus (»der Motor«) und Parasympathikus (»die Bremse«), um mit dem Gesamtorganismus zu harmonieren. Das ENS entspricht im Grundsatz dem Funktionsaufbau des Zentralen Nervensystems. Innerhalb des ENS findet man als Neurotransmitter z.B. genauso die »Glückshormone« Serotonin und Dopamin als exzitatorisch wirkende Neurotransmitter. Als Gegenspieler können Stickstoffmonoxid NO und Vasoaktives Intestinales Peptid agieren.

Das ENS hat einen starken Einfluss auf den Verdauungsprozess und das Wohlbefinden. Es reguliert unter anderem die Darmmotilität, den mit Sekretion und Absorption verbundenen Ionentransport, den gastrointestinalen Blutfluss und die immunologischen Funktionen des Gastrointestinaltraktes. Einige Wissenschaftler vermuten, dass dem Informationsaustausch zwischen dem Enterischen Nervensystem und dem Gehirn auch eine Rolle bei den intuitiven Entscheidungen (»Bauchentscheidungen«) zukommt.

4.2.
Novel und Functional Foods

Novel Foods – Der Begriff »Novel Foods« (= neuartige Lebensmittel) entspringt originärer Weise der Humanernährung. Im Allgemeinen können Lebensmittel im Rahmen der lebensmittelrechtlichen Bestimmungen ohne vorherige Zulassung in den Verkehr gebracht werden. Eine Ausnahme bilden seit relativ kurzer Zeit diese neuartigen Lebensmittel. Sie unterliegen EU-weit einheitlichen Regelungen, um einerseits ein hohes Niveau beim Schutz der Gesundheit des Menschen zu erreichen und andererseits ein reibungsloses Funktionieren des Binnenmarkts zu ermöglichen. Daher müssen neuartige Lebensmittel einer gesundheitlichen Bewertung unterzogen werden, bevor sie in Verkehr gebracht werden dürfen. Geregelt ist dies in der Novel Food-Verordnung der EU. »Novel Food«-Produkte mit Zutaten wie Cannabidiol (in Deutschland noch nicht klar), Hanfextrakten, Insektenmehl, Algenextrakten und exotischen Essenzen sind einige ausgewählte Beispiele sogenannter neuartiger Lebensmittel. Die Verwendung von »Novel Foods« (auch »Superfoods«) wird, meist z.B. aus Marketinggründen, auch in der Hundeernährung propagiert. Eine zum Menschen vergleichbare EU-Regelung gibt es dabei nicht. Wirksamkeitsnachweise sind in der Regel nicht gegeben, eine gesundheitliche Sicherheitsprüfung wird nicht gefordert.

Functional Foods – Oft sind in der Hundeernährung aber nicht »Novel Foods«, sondern »Functional Foods« gemeint. »Functional Foods« (= funktionelle Lebensmittel, auch »Nutraceuticals«, Hinweis Pharmazeutikum im Wortstamm) sind im Humanbereich Nahrungsmittel, die mit zusätzlichen Inhaltsstoffen angereichert sind und mit positivem Effekt auf die Gesundheit beworben werden. Besondere Wirkungen auf die Gesundheit sind jedoch auch hier wissenschaftlich sehr oft nicht hinreichend gesichert. Dies gilt für die Hundeernährung leider genauso. Dabei gibt es etliche Produkte, bei denen es sich lohnen könnte, die möglichen, positiven Auswirkungen auf die Tiergesundheit genauer unter die Lupe zu nehmen[22].

Zugesetzt werden im Humanbereich vor allem Vitamine, Mineralstoffe, Bakterienkulturen und ungesättigte Fettsäuren. Eine gesetzliche Definition für diese Produkte gibt es bislang in Europa nicht. Daher können sie als Lebensmittel des allgemeinen Verzehrs, wie z.B. probiotischer Joghurt, oder als diätetisches Lebensmittel, wie z. B. mit Pflanzensterinen angereicherte Margarine, sowie auch als Wellness-Produkte, z. B. Getränke oder Milchprodukte mit Kräuterauszügen von Ginseng, Aloe Vera, Ginkgo oder Isomaltulose, auf dem deutschen Markt angetroffen werden. Die Verhältnisse in der Hundeernährung bezüglich der »Functional Foods« lassen sich quasi 1:1 vom Menschen übertragen.

Ein Blick ins Innere eines Hundes.

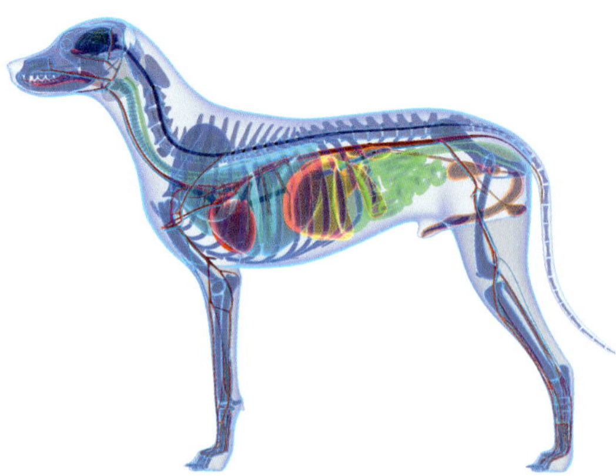

Funktionelle Lebensmittel sind begrifflich klar abzugrenzen von Ergänzungsfuttermitteln. Ergänzungsfuttermittel sind gemäß § 1 Abs. 1 Nr. 2 Futtermittelverordnung Mischfuttermittel, die einen gegenüber einem Alleinfuttermittel (Alleinfuttermittel = Mischfuttermittel, die wegen ihrer Zusammensetzung für eine tägliche Ration ausreichen) für das jeweilige Tier höheren Gehalt an bestimmten Stoffen (insbesondere Inhalts- oder Zusatzstoffen) aufweisen und die auf Grund ihrer Zusammensetzung dazu bestimmt sind, in Ergänzung anderer Futtermittel zur Deckung des Nahrungsbedarf des Tieres beizutragen. Futtermittelzusatzstoffe sind z.B. Mikroorganismen wie Probiotika (Probiotika sind lebende Mikroorganismen wie Bakterien und Hefen, die dem Menschen und Tieren einen gesundheitlichen Vorteil bringen, wenn sie in ausreichender Menge in den Darm gelangen)[23] oder Zubereitungen, die aufgrund ihrer technologischen, sensorischen, ernährungsphysiologischen oder zootechnischen Wirkung den Futtermitteln zugesetzt werden. Und dann gibt es noch die Diätfuttermittel, die z.B. von Tierärzten für Hunde zur Unterstützung der Herzfunktion bei chronischer Herzinsuffizienz oder bei Nierenerkrankungen empfohlen werden.

Für die einen ist es Beute, für die anderen die süßeste Gesellschaft der Welt.

4.3. Der Darm und seine Bewohner

Mikrobiota und Mikrobiom – Der Ausdruck Mikrobiota (vom griechischen mikros »klein« und bios »Leben«) bezeichnet im weitesten Sinne die Gesamtheit aller Mikroorganismen (Bakterien, Pilze, Hefen, Einzeller, Viren) im Magen-Darm-Trakt[24]. Der Begriff kann sich aber auch auf die Haut, Lunge und Schleimhäute beziehen, da auch diese Strukturen von Mikroben besiedelt werden. Das Mikrobiom (in Analogie zum Genom der Säugerzelle) umfasst dagegen die Gesamtheit aller Gene dieser Mikroorganismen, die Mensch und Hund natürlicherweise, d.h. mit oder ohne Auslösung von Krankheitssymptomen, besiedeln. Man hat geschätzt, dass sich im Magen-Darm-Trakt 10^{13}–10^{14} Mikroorganismen befinden (darunter mehr als 1000 Bakterienarten). Das sind mehr als die Gesamtzahl aller Körperzellen des Wirtstieres. Das Mikrobiom ist dabei ca. 150-fach größer als das Genom des Wirtstieres[25].

Die individuelle Zusammensetzung von Mikrobiota und Mikrobiom des Hundes übt, genau wie beim Menschen, einen ganz wesentlichen Einfluss auf den jeweiligen Gesundheitsstatus aus. Normalerweise ist die Mikrobiota und damit natürlich das Mikrobiom beim erwachsenen Hund sehr stabil, aber Alterungsprozesse, Futter und viele andere Umwelt- und Lebensbedingungen können die mikrobiotische Lebensgemeinschaft in die eine oder andere Richtung verändern. Bei vielen erkrankten Tieren konnte eine Dysbiose (Ungleichgewicht der Darmflora) identifiziert werden. Diese kann dann Magen-

Gesunder Darm – gesunder Hund! Dann sind auch solche Freudensprünge möglich.

Darm-Erkrankungen wie Durchfall, Verstopfung, Blähungen oder chronische Entzündungen auslösen. Eine Dysbiose beeinflusst aber auch sehr viele andere Organe, z.B. Immunsystem, Reproduktionsorgane, Knochen, Leber, Nieren und vieles mehr. Mögliche Darm-assoziierte Erkrankungen sind: Futtermittelintoleranzen, Hautprobleme, innere Erkrankungen (Leber, Pankreas, Nieren), Infektionen und Entzündungen (auch Bewegungsapparat), schwaches Immunsystem und auch Verhaltensstörungen. Übrigens: Eine durch Stress oder andere Faktoren gestörte Darmschranke erlaubt das Durchtreten von Substanzen in den Organismus, die bei einer gesunden Darmflora und intakter Darmoberfläche nicht passieren könnten. So gelangen Giftstoffe oder Bakterien in den Körper und aktivieren das Immunsystem. Die Folge können Entzündungen oder überschießende Reaktionen wie Allergien sein. In der Alternativmedizin ist das Konzept der Darmsanierung bzw. Symbiose-Lenkung bei Dysbiosen mit einigem Erfolg eingesetzt worden[26]. Auch beim Hund wurden diese Therapiekonzepte schon mit positiven Ergebnissen angewandt[27, 28].

Um ein aktuelles Beispiel zu zitieren, dass die Mikrobiota offenbar voller (noch unbekannter) Überraschungen steckt und für die kommenden Jahre einiges Neues erwarten lässt, soll uns eine aktuelle Übersichtsarbeit von Jenkins et al.[29] dienen. Die Autoren greifen dabei eine mögliche Verbindung zwischen der Darmbesiedlung, also der Mikrobiota, und der Nasenleistung bei Arbeitshunden auf. Wer hätte das gedacht? In der Reihenfolge Mikrobiota, Darmwand, Enterisches Nervensystem, Vegetatives Nervensystem wird dem Gehirn kontinuierlich ein Lagebericht vermeldet und das hat Einfluss auf Sinnesleistungen und Verhalten (»... gesunder Bauch, gesunde Seele ...«).

In der Humanmedizin ist der Begriff »Mikobiom-Darm-Gehirn«-Achse (»microbiome-gut-brain axis«) längst gang und gäbe (ja, es gibt sogar schon den Begriff der »Nutritional Psychatry«[30], und er bürgert sich inzwischen auch im Hundebereich ein. Ein Beispiel dafür ist eine kürzlich erschienene Pilotstudie mit 31 Pitbull verwandten Hunden, die aus einer US Dog-fighting Association in ein Tierschutzzentrum gebracht wurden[31]. 21 der 31 Hunde wurden bei einem Verhaltenstest als »konspezifisch aggressiv« eingestuft, 10 Individuen verhielten sich normal und bildeten fortan die Kontrollgruppe. Es wurden Kotproben von den Tieren gesammelt und das jeweilige Mikrobiom analysiert. Aus den Ergebnissen schließen die Autoren, dass es den begründeten Verdacht gibt, dass eine unterschiedliche Darmbesiedlung mit der Aggression in Zusammenhang steht. Was die kausale Verknüpfung darstellen könnte, darüber kann zurzeit nur spekuliert werden: Stoffwechselendprodukte der Mikroben, pH-Wert im Darmlumen, Cytokine, antibiotisch wirksame Substanzen, Antigen-Präsentation, Kontakt mit Darm-Immun- und Darm-Nerven-System? In Abb. 13 präsentieren wir einen möglichen Regelmechanismus. Die Forschung zur Mikrobiom-Darm-Gehirn-Achse verspricht zukünftig neue Diagnose- und Therapieansätze bei darmassoziierten Erkrankungen.

Zumindest in Versuchen mit Labormäusen konnte mehrfach bestätigt werden, dass es einen konkreten Zusammenhang zwischen der entzündlichen Darmerkrankung und psychiatrischen Symptomen wie Angst, Depression und Stress gibt, und das darin auch die Stressachse involviert ist[32]. Fäkale-Mikrobiota-Transplantation bei Dysbiose hat bei bestimmten neurologischen Störungen die vorhandenen neurologischen Symptome gelindert[33]. Der positive Einfluss, der von den Mikroben produzierten Endprodukte auf Epilepsie beim Hund, steht in Analogie der ketogenen Diät (Low Carb Diet) aktuell mit vielversprechenden Aussichten im Fokus der klinischen Forschung[34].

Abbildung 13: Das Mikrobiom beeinflusst wichtige Körperfunktionen und damit das Verhalten.

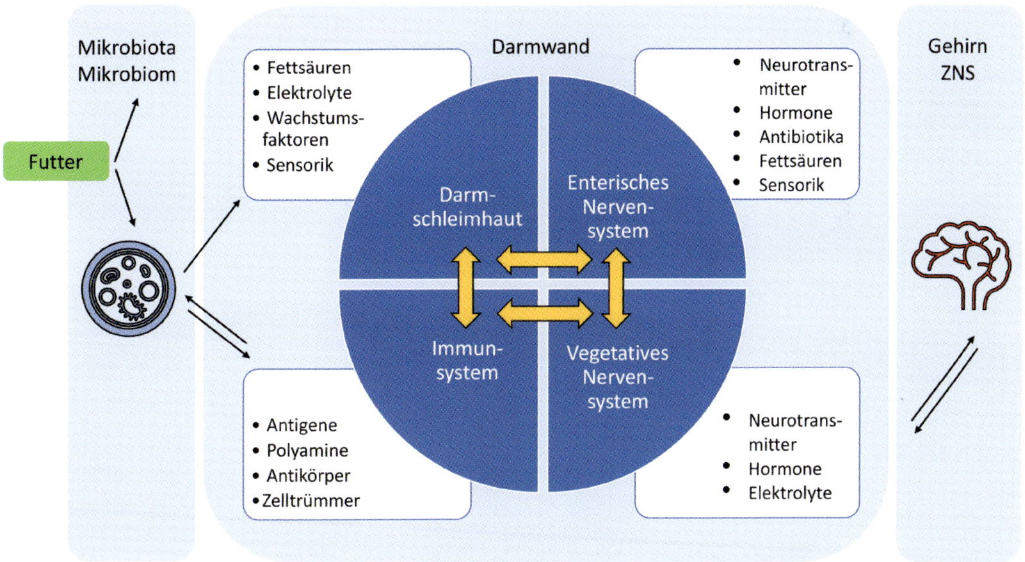

5. WAS BRAUCHT der Hund?

Die bedarfsgerechte Fütterung des Hundes ist ein intensiv, leidenschaftlich und oft auch ideologisch diskutiertes Thema. Ob der Hund das gleiche Futter benötigt wie der Wolf, oder ob er stärkehaltiges Futter toleriert oder gar braucht, ist nicht zuletzt vom Hund selbst abhängig. In einer relativ aktuellen Studie aus Neuseeland wurde geschaut, welche Nahrungspräferenzen Hunde an den Tag legen, wenn sie frei auswählen können zwischen fettreichem, proteinreichem oder kohlenhydratreichem Futter. Aus den Ergebnissen der Studie konnte resümiert werden, dass Hunden bei freier Auswahl die Kohlenhydrate eher egal waren, sie diese jedenfalls nicht bevorzugten[35]. Anderen wissenschaftlichen Forschungen zufolge hat sich die Fähigkeit der Stärke-Verdauung während der langen Domestikation genetisch bedingt bei den Haushunden entwickelt und ist rasseabhängig[36]. Eine bedarfsgerechte (besser bedarfsdeckende) Ernährung ist eine der wichtigsten Maßnahmen zur Erhaltung der Gesundheit, des Tierwohls, adäquaten Verhaltens, kognitiver Leistung, Fruchtbarkeit und der Schlüssel zur Bekämpfung von Krankheiten. Um Hunde richtig zu füttern und Ratschläge im Hinblick auf das Futter zu geben, sind grundlegende Kenntnisse über Nährstoffe, Bedarf, Verwertbarkeit und über die Konsequenzen von Nährstoffmangel oder -überschuss erforderlich. Wir verweisen diesbezüglich auf die zahlreiche Fachliteratur aus den Bereichen Futtermittelkunde, Tierernährung und Tiermedizin[19, 37].

Jeder Futtermittelbestandteil, der dazu beiträgt, im entsprechenden Lebensabschnitt des Tieres das Leben zu erhalten, ist ein Nährstoff. Diese Stoffe werden prinzipiell in sechs Basiskategorien eingeteilt: Wasser, Kohlenhydrate, Proteine, Fette, Vitamine und Mineralstoffe. Kohlenhydrate, Proteine und Fette sind Energielieferanten, die den Grundstoffwechsel der Körperzellen antreiben. Neuroendokrine Systeme steuern die einzelnen Regelkreise, wie z.B. Temperatur, Atmung, Blutkreislauf, Reproduktion einschließlich Kognition und Verhalten.

Wie der Titel dieses Buches schon sagt, beschränken wir uns hier auf die besonderen Aspekte des Zusammenhangs zwischen Art und Ausmaß der Ernährung und beleuchten die potenziellen Auswirkungen auf das individuelle Verhalten des Hundes.

Die Anzahl der essenziellen Nährstoffe ist zum Glück überschaubar: Sie bilden die sechsstufige Nahrungspyramide (49 % Kohlenhydrate, 39 % Proteine, 6 % Fette, 5 % Rohfaser, 1 % Mineralstoffe und an der Pyramidenspitze die Vitamine) für Hunde und wird im Folgenden näher beschrieben.

5.1. Proteine/Tryptophan

Die Sache mit dem Eiweiß. Eiweiße (= Proteine) sind sowas wie der Baustoff für den Hund. Sie werden benötigt, um die Körpersubstanz zu erhalten und neue Gewebe zu bilden, wie etwa für das Wachstum, den Muskelaufbau, oder auch die Reproduktion. Proteine halten die Funktion der Körperzellen aufrecht und gewährleisten so die Überlebensfähigkeit des gesamten Organismus. Sie sind überall im Körper wichtige Bestandteile, so zum Beispiel für die Muskulatur, die Knochen, Sehnen, Bänder, Haut, Haare, Eingeweide und das Nervensystem. Sie sind weiterhin die Grundlage für die verschiedensten Enzyme, die Stoffwechselreaktionen katalysieren, und für ein gut funktionierendes Immunsystem. Die Hundenahrung muss dem Körper ausreichend Protein zuführen, damit der Hund die oben genannten Strukturen erhalten kann. Nahrungsproteine sind also lebensnotwendige Bestandteile der Hundenahrung.

Woraus bestehen Proteine? Eiweiße bestehen aus kleinen Bestandteilen, den Aminosäuren, von denen um die 20 in Futtermitteln vorkommen. Unterschieden werden muss hier zwischen den sogenannten essenziellen Aminosäuren, die der Körper nicht selbst synthetisieren kann, und die über die Nahrung zugeführt werden müssen, und den nicht-essenziellen Aminosäuren, die der Organismus selbst synthetisieren kann. Die zehn essenziellen Aminosäuren für den Hund sind Lysin, Leucin, Isoleucin, Valin, Threonin, Methionin, Phenylalanin und – im Verhaltenszusammenhang besonders wichtig – Tryptophan. Arginin und Histidin sind sogenannte semi-essenzielle Aminosäuren, die der Organismus zwar prinzipiell, aber nicht in ausreichender Menge bilden kann.

Eiweißverdaulichkeit bei Hunden. Die Verdaulichkeit unterschiedlicher Proteinquellen kann zwischen 35 % und über 90 % schwanken. Für die Herstellung von Futtermitteln für Hunde werden in der Regel nur Proteinquellen mit einer Verdaulichkeit von über 70 % eingesetzt. Hochwertiges Futterprotein weist eine präzäkale (= vor dem Dickdarm) Verdaulichkeit von über 85 % auf, das bedeutet, dass die Aminosäuren bereits im Ileum (Krummdarm = Teilabschnitt des Dünndarms) resorbiert und im Stoffwechsel für die Verwertung zur Verfügung gestellt werden. Sie unterliegen also nicht der Dickdarmfermentation, dem Abbau über Mikroorganismen, sondern können direkt vom Organismus genutzt werden.

Leichtverdauliches Protein, das alle essenziellen Aminosäuren in einem für den Bedarf des Tieres korrekten Verhältnis enthält, gilt als hochwertiges

Hunde sind Carni-Omnivoren.

Protein. Der Hund hat also (wie auch der Mensch) für die Erhaltung und Leistung einen bestimmten Bedarf an Aminosäuren. Fehlt eine der oben genannten essenziellen Aminosäuren, hemmt das die Eiweißneubildung. Darum begrenzt bereits der Mangel an einer essenziellen Aminosäure den Wert des gesamten Eiweißes der Ration. Man bezeichnet solche, im Mangel vorkommenden Aminosäuren, als begrenzende oder limitierende Aminosäuren.

Daraus ergibt sich, dass das Aminosäurenmuster im Futtereiweiß möglichst gut mit den zu bildenden Produkten übereinstimmen sollte – je höher diese Übereinstimmung ist, desto höher ist auch die biologische Wertigkeit des Proteins. Entscheidend ist also nicht nur, dass man den passenden Gehalt an Eiweiß füttert, sondern auch, dass das Eiweiß die passende Zusammensetzung aufweist.

Wie viel Protein braucht ein Hund? Das hängt von verschiedenen Faktoren ab. So benötigt ein Welpe im Wachstum im Vergleich zum jeweils aktuellen Körpergewicht wesentlich mehr Protein (möglichst hoher Verdaulichkeit), als es ein erwachsener Hund tut. Ab dem vierten Lebensmonat haben Hunde von großen Rassen und Riesenrassen für das Wachstum einen deutlich höheren Bedarf, als ihn kleine Hunde haben, da sie natürlich wesentlich mehr Körpermasse bilden müssen und dafür eine entsprechende Proteinzufuhr benötigen.

Die Proteine in einem Futtermittel stehen übrigens – entgegen anderslautenden Aussagen – nicht im Zusammenhang mit Skelett-Entwicklungsstörungen. Das zeigten auch Versuche mit wachsenden Doggen, die mit verschiedenen Proteingehalten gefüttert wurden; es gab keinen Zusammenhang zwischen dem Proteingehalt in

Nutztiere als Nahrungslieferant? Proteine sind ein fester Bestandteil der Hundeernährung.

der Nahrung und dem Auftreten orthopädischer Probleme. In diesem Fall ist es eher der hohe Energiegehalt, der zu Problemen führt. Allerdings erhöht Protein die Schmackhaftigkeit und führt bei einer Ad libitum-Fütterung (= »all you can eat«) dazu, dass die Energieaufnahme steigt, was zu einem zu schnellen Wachstum und dadurch bedingten Problemen führen kann.

Um ein angemessenes Wachstum zu garantieren, sollte man sich an einer sogenannten Wachstumskurve orientieren, die Richtwerte über den Verlauf des Wachstums liefert. Im Internet finden sich zahlreiche Beispiele dafür. Liegt ein (sehr seltener) Proteinmangel vor, so führt das dazu, dass Welpen eher verfetten und weniger Muskulatur aufbauen.

Um die Versorgung mit essenziellen Aminosäuren zu sichern, ist bei ausgewachsenen Hunden eine Zufuhr von etwa 2–6 g Rohprotein pro Kilogramm Körpergewicht des Hundes ausreichend, wobei größere Hunderassen verhältnismäßig eher weniger Protein brauchen als kleinere.

Der Bedarf ist bei tragenden/säugenden Hündinnen, im Wachstum und bei tatsächlichen Arbeitshunden höher. Allerdings sind an dieser Stelle echte Arbeitstiere gemeint, und nicht der Hund, der zweimal die Woche Agility macht oder eine Stunde täglich am Fahrrad läuft. Für »normale Familienhunde« kann man sich am Erhaltungsbedarf des Hundes orientieren[19]. Wenn überwiegend pflanzliche Proteine mit einer ungünstigen Aminosäuren-Zusammensetzung verwendet werden (siehe oben), ist der Bedarf höher.

Eine sehr grobe Empfehlung (auch an dieser Stelle weisen wir nochmal auf die Notwendigkeit einer Rationsberechnung hin!) lautet, dass der Anteil der Energielieferanten in der Ration eines ausgewachsenen Hundes im Erhaltungsstoffwechsel zu circa einem Drittel aus Protein bestehen sollte – zwei Drittel entfallen auf Fette und Kohlenhydrate. Im Trockenfutter bedeutet das etwa 19–25 % Rohprotein, in einem Nassfutter etwa 5–7 %. Nicht täuschen lassen: Hier finden sich wesentlich geringere Werte in der

Deklaration, weil Nassfutter – wie der Name sagt – zu einem Großteil aus Wasser besteht.

Anders natürlich der Bedarf bei Welpen und Junghunden, die für das Wachstum einen höheren Gehalt an Protein benötigen, als am anderen Ende des Hundelebens, wenn die Nierenfunktion und andere Organfunktionen häufig eingeschränkt sind und der Proteinbedarf sinkt, und natürlich bei Erkrankungen, die eine spezielle Diätetik erfordern. Ansonsten sind die oft geforderten hohen Proteingehalte (»... nur ein Futter mit viel Protein ist ein gutes Futter ...«) für den Hund nicht notwendig und können durchaus zu Problemen führen – auch im Verhalten.

Fazit: **Proteine**

Proteine werden insbesondere zur Versorgung des Körpers mit essenziellen Aminosäuren benötigt. Sie können darüber hinaus aber auch zur Energiegewinnung herangezogen werden. Da dieser Vorgang für den Körper allerdings sehr aufwendig und verlustreich ist, bevorzugt er Fette und Kohlenhydrate zur Energiegewinnung, weil diese viel effektiver verwertet werden können.
Dennoch enthält Hundefutter meist mehr Protein als zur Deckung des Aminosäurenbedarfs notwendig ist, da auch Fette und Kohlenhydrate nur in begrenztem Maße im Darm verdaut werden können. Eine optimal verträgliche Futterration besteht daher aus einem ausgewogenen Verhältnis aus diesen drei Energielieferanten – je nach individuellem Bedarf des Hundes und je nach individueller Verträglichkeit.
Natürlich sind tierische Proteine auch Geschmacksträger. Hunde sind von Natur aus Carni-Omnivoren, also Allesfresser mit einer Vorliebe für Fleisch. Deshalb sollte jede Futterration für gesunde Hunde einen gewissen Anteil an Fleisch enthalten. Bei bestimmten Krankheiten, wie Nieren- oder Lebererkrankungen, kann hingegen eine deutliche Reduktion des Fleischanteils notwendig sein.

5.2. Fette und Fettsäuren

Fette sind Triacylglycerine, die man zum einen nach ihrer Molekülgröße (Hauptbestandteil kurz-, mittel- oder langkettige Fettsäuren), zum anderen nach speziellen chemischen Bindungen (gesättigte und ungesättigte Fettsäuren) unterscheiden kann. Als relevante Untergruppen der sogenannten »mehrfach ungesättigten Fettsäuren« sind auch die Omega-3- und Omega-6-Fettsäuren zu nennen (Abb. 14). Fette sind effektive Energielieferanten, die im Vergleich zu Kohlenhydraten und Proteinen mehr als doppelt so viele Kalorien enthalten. Wer könnte nicht ein Lied davon singen.

Funktionen der Fette und Fettsäuren. Die Fettverdauung wird durch spezielle Enzyme gewährleistet, die Lipasen, die die Fette in kleinere Bestandteile, die Fettsäuren, aufspalten. Lipase findet sich zu einem geringen Teil im Magen, aber der Großteil der Fettverdauung findet im Dünndarm durch die Lipase aus der Bauchspeicheldrüse statt. Um die entstandenen Fettsäuren in den Blutkreislauf aufnehmen zu können, benötigt es die Gallensäuren, die in

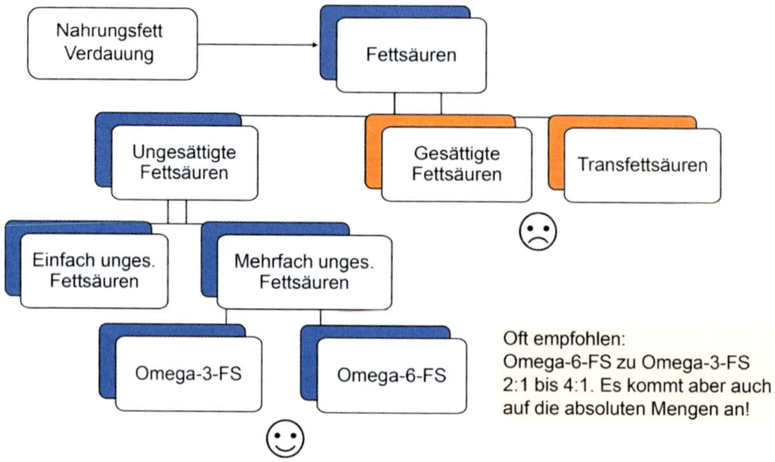

Abbildung 14: Einteilung der Fettsäuren.

der Leber produziert werden und dann über die Gallenblase in den Darm abgegeben werden. Nach der Absorption im Darm werden die Fettsäuren über diesen in die Leber transportiert und im Fettgewebe gespeichert. Sie dienen aber auch zur Energiegewinnung. Im Organismus fungieren sie als Energiespeicher, versorgen uns und den Hund mit essenziellen Fettsäuren und sind für die Verwertung fettlöslicher Vitamine unabdingbar. Darüber hinaus werden Fette im körpereigenen Fettgewebe unter der Haut und im Bauchraum eingelagert, um in Zeiten von Energiemangel verfügbar zu sein, zum anderen haben sie aber auch dort eine direkte Schutzfunktion, beispielsweise gegen Kälte.

Hunde müssen längst nicht alle Fettsäuren mit der Nahrung aufnehmen, viele Fettsäuren bildet der Hund durch körpereigene Synthesewege. Nur die essenziellen Fettsäuren, die Hunde nicht selber bilden können, müssen mit der Nahrung zugeführt werden. Beim Hund sind dies besonders die Linolsäure und die α-Linolensäure, aber auch andere Omega-3-Fettsäuren können vom Hund nicht selbst gebildet werden[19].

Die Rolle der Fette und Fettsäuren in der Ernährung. Neben der wichtigen Rolle der Energiegewinnung, versorgen Fette den Hund mit essenziellen Fettsäuren und ermöglichen die Verwertung fettlöslicher Vitamine (Vitamin A, D, E, K). Darüber hinaus ist Fett auch beim Hund ein wichtiger Geschmacksträger, weswegen fettreiche Nahrung die Futterakzeptanz bei mäkeligen Fressern erhöhen kann. Auch bei untergewichtigen Hunden wird sie zur Gewichtszunahme eingesetzt – solange der Hund sie verträgt und nicht mit Durchfall reagiert. Andersrum spielt die Reduktion des Fettgehaltes bei Adipositas, aber auch bei Erkrankungen der Bauchspeicheldrüse oder erhöhten Blutfettwerten eine wichtige Rolle.

Folgen von Fehlversorgungen. Ist der Fettgehalt einer Ration zu gering, muss der Körper zur Energieversorgung auf Kohlenhydrate und Proteine zurückgreifen. Dies kann dazu führen, dass man (zu) große Mengen eines Futters mit zu geringem Fettgehalt füttern muss. Bei Hunden mit einem vergleichsweise hohen Energiebedarf, also Arbeitshunden oder untergewichtigen Hunden, wie auch Welpen oder tragenden oder säugen-

Auch zu viele Leckerchen führen zu Übergewicht.

den Hündinnen, macht ein Futter mit einem eher höheren Fettgehalt mehr Sinn, um sicherzustellen, dass sie ausreichend Energie bekommen, ohne den gesamten Verdauungstrakt durch das Füttern zu großer Mengen zusätzlich zu belasten.

Eine ungenügende Ration mit zu geringem Fettanteil kann eine Unterversorgung mit essenziellen Fettsäuren nach sich ziehen. Auch Krankheiten, die mit einer Störung der Fettverdauung einhergehen, können durch Störungen in der Fettverstoffwechselung zu einer unzureichenden Versorgung mit essenziellen Fettsäuren führen. Die Folgen sind Hautstoffwechselstörungen, die sich durch eine schlechte Fellqualität, Juckreiz oder auch eine Anfälligkeit für Infektionen der Haut äußern können. Auch das Immunsystem leidet ohne die »guten Fettsäuren«. Kommt es durch ungenügenden Energiegehalt zu einer Mangelsituation, sind Abmagern und eine gesteigerte Krankheitsanfälligkeit die Folge. Bei Welpen und Junghunden kann ein Energiemangel auch – trotz genetisch fixierter Größe – dazu führen, dass die entsprechenden Hunde ihre Endgröße nicht erreichen.

Die Folgen einer Überversorgung mit Fetten dürften bekannt sein – da nehmen sich Hund und Mensch nicht viel. Beagle und Mensch noch weniger. Die Auswirkungen einer Überversorgung mit Fetten, die zu einer Überversorgung mit Energie führt, sind in der Regel leicht an den überflüssigen Pfunden erkennbar. Wird zu viel Energie zugeführt, lagert sie sich in Form von Depotfetten im Hund ein. Beginnend beim Herz-Kreislaufsystem, über Probleme mit den Gelenken, der Leber sowie Haut bis hin zur sinkenden Lebenserwartung hat Übergewicht fatale Folgen! Wer länger was von seinem Hund »haben« möchte, sollte tunlichst darauf achten, dass er sein Idealgewicht nicht nach oben überschreitet! Dafür haben wir übrigens auch keinerlei Verständnis, denn auch wenn wir nachvollziehen können, dass die eigene Impulskontrolle nachts am Kühlschrank versagt, haben wir es bei unseren Hunden in der Hand (bzw. im Napf) und sollten, wie auch in anderen Belangen, dafür sorgen, dass der Hund ein möglichst langes und gesundes Leben führen kann!

Die optimale Versorgung mit Fettsäuren und Fetten. Für die Energieversorgung sind insbesondere tierische Fette und die darin enthaltenen gesättigten Fettsäuren geeignet. Neben der für Hunde guten Verträglichkeit sind sie auch schmackhaft, sodass sie die Akzeptanz des Futters steigern. Der empfohlene Fettgehalt im Futter für den »normalen Hund« liegt bei etwa 10–20 % im Trockenfutter und bei etwa 3–7 % im Nassfutter. Hunde mit Gewichtsproblemen, geringem Energiebedarf und Hunde, die mit Fett nicht gut zurechtkommen und mit Durchfall reagieren, sollten eher mit Rationen mit Fettgehalten im unteren Bereich (unter 15 % im Trockenfutter bzw. unter 5 % im Feuchtfutter) gefüttert werden. Zur Bedarfsdeckung der essenziellen Fettsäuren verweisen wir an dieser Stelle erneut auf eine individuelle Rationsberechnung.

Fazit: **Fette und Fettsäuren**

Fette und Fettsäuren zählen zu den Lipiden und stellen somit einen unentbehrlichen Grundbaustein des Hundeorganismus dar. Man unterscheidet grundsätzlich zwischen gesättigten und ungesättigten Fettsäuren, wobei sich Letztere wieder in zwei unterschiedliche Gruppen teilen lassen: Omega-6- und Omega-3-Fettsäuren. Omega-3-Fett ist sowohl für Menschen als auch Hunde ausgesprochen wichtig, da es lebensnotwendig ist. Das Problem hierbei ist, dass die essenziellen Stoffe nicht vom Körper produziert werden können und daher über die Nahrung aufgenommen werden müssen. Omega-3-Fettsäuren nehmen eine bedeutende Funktion in der Hundegesundheit ein, denn sie sind an etlichen Prozessen im Hundekörper beteiligt. Unter anderem unterstützen sie die Gehirnfunktionen und verzögern den Alterungsprozess. Auch die Muskeln und Gelenke profitieren davon, denn sie verbessern deren Leistungsfähigkeit und Belastbarkeit. Hinzu kommt, dass Omega-3-Fettsäuren entzündungshemmend wirken und somit den Heilungsprozess von Verletzungen und Reizungen begünstigen. Ebenso ist Omega-3 an der Stabilisation und Unterstützung der Nierenfunktion beteiligt und kann bei Defiziten im Stoffwechsel helfen.
Generell lässt sich sagen, dass der tägliche Bedarf an Omega-3-Fettsäuren eines mittelgroßen Hundes (etwa 13 bis 22 Kilogramm) bei rund 1000 Milligramm liegt. Es ist gleichzeitig zu beachten, dass Omega-3-Fettsäuren für den Hund stets im richtigen Verhältnis zu Omega-6 zugeführt werden[19]. Laut einiger Studien liegt das ideale Ergebnis von Omega-3 und Omega-6 zwischen 2:1 bis 4:1[38].

5.3. Kohlenhydrate

Kohlenhydrate sind verschiedene organische Verbindungen, die auch für Hunde eine gut nutzbare Energiequelle darstellen. Je nach Aufbau unterteilt man sie in Einfachzucker, Zweifachzucker und Mehrfachzucker. Die wichtigsten Vertreter der Einfachzucker (Monosaccharide) sind Traubenzucker (Glucose) und Fruchtzucker (Fructose). Zu den Zweifachzuckern (Disaccharide) gehören zum Beispiel der Haushaltszucker sowie Malz- und Milchzucker. Zu den Mehrfachzuckern (Polysacchariden), die aus dem Zusammenschluss vieler einfacher Zuckermoleküle entstehen, gehört die Stärke. Mehrfachzucker sind vor allem in Getreide, Vollkornprodukten,

Hunde lieben Kohlenhydrate. Sie sind schnelle und gute Energieträger.

Kartoffeln und Hülsenfrüchten enthalten. Stärke muss vor der Aufnahme ins Blut erst aufgespalten werden und sorgt so dann für einen ausgeglichenen Blutzuckerspiegel. Aber auch für Hunde: unverdauliche Faserstoffe enthalten sehr viele Kohlenhydrate und spielen eine wichtige Rolle als Ballaststoffe, wie zum Beispiel Cellulose oder Flohsamen, oder als Präbiotika, wie zum Beispiel Inulin oder Lactulose, die das Wachstum und/oder die Aktivität einer oder mehrerer »wohlwollender« Bakterienarten im Dickdarm gezielt anregen und somit die Gesundheit des Wirts verbessern sollen. So lautet zumindest das Konzept.

Wozu Kohlenhydrate? Wie bereits erwähnt, sind Kohlenhydrate gute, schnelle Energieträger. Für fast alle Zellen des Körpers sind sie sogar absolut für den Stoffwechsel notwendig! Um sie verdauen und nutzen zu können, müssen komplexe Kohlenhydrate zunächst in ihre Bestandteile, also den Einfachzucker, zerlegt werden. Während beim Menschen die Kohlenhydratverdauung durch den Amylase-haltigen Speichel bereits in der »Maul«höhle beginnt, müssen sie beim Hund erst den Dünndarm erreichen, um verwertet werden zu können. Das dazu benötigte Enzym ist die Amylase, die vorrangig aus der Bauchspeicheldrüse stammt. Sie dient dazu, die Stärke in ihre Grundbausteine, die Disaccharide, und auch ein wenig in das Monosaccharid Glucose aufzuspalten. Zuckerspaltende Enzyme der Darmschleimhaut (Disaccharidasen) erledigen dann den Rest, sodass möglichst kleine Päckchen des Makromoleküls entstehen. Die gewonnenen Glucose und andere Einfachzucker wie Fructose werden durch die Darmschleimhaut direkt in den Blutkreislauf aufgenommen und nach Passage durch die Leber von den Organsystemen verwertet[39].

Kohlenhydrate stellen für den Hund, wie auch bei anderen Tieren bis hin zu Pflanzen, eine schnelle und einfach verfügbare Energiequelle dar. Insbesondere Glucose ist der Hauptenergielieferant des Körpers und spielt bei fast allen Stoffwechselvorgängen eine Rolle. Vor allem das Gehirn ist auf Glucose als schnellen

Energieträger angewiesen, ja man kann sagen, dass es gar nicht ohne geht. Daneben benötigt aber auch die Muskulatur sehr viel Glucose.

Kann die Glucose nach der Aufnahme aus dem Darm nicht direkt vom Körper verwertet werden, wird sie alternativ in der Leber als Glykogen (»tierische Stärke«) gespeichert und steht für »Notzeiten« zur Verfügung. Die Glykogenreserven des Hundes sind jedoch vergleichsweise gering, sodass die Speicherung von Kohlenhydraten im Körper eine eher untergeordnete Rolle spielt.

Kohlenhydrate in der Ernährung des Hundes. Die Fähigkeit zur Stärkeverwertung unterscheidet den Hund vom Wolf. Kohlenhydrate stellen entgegen anderslautenden Gerüchten eine wichtige und in der Regel gut verträgliche Energiequelle dar. Obwohl der Verdauungstrakt von Hunden auch andere Energielieferanten verwerten kann, bevorzugt er Kohlenhydrate, da die Gewinnung von Energie deutlich effektiver ist als beispielsweise aus Proteinen. Dies ist eindeutig eine Folge der Domestikation[40]. Der Energiegehalt von Fett ist zwar etwas höher als der von Kohlenhydraten, doch limitiert die Verträglichkeit den Einsatz fettreicher Rationen (»Flitzekacke«). Darum ist es so wichtig, dem Hund eine optimale und auf seinen individuellen Bedarf zugeschnittene Ration aus einer passenden Kombination der Energielieferanten Kohlenhydrate, Fette und Proteine in einem ausgewogenen Verhältnis zur Verfügung zu stellen. Denn im Gegensatz zu uns kann er nicht in den Supermarkt gehen und das einkaufen, wonach ihm gelüstet, wenn sein Körper ihm einen Mangel signalisiert.

Mögliche Fehlversorgungen und ihre Folgen. Füttert man einem Hund keinerlei Kohlenhydrate, hat er theoretisch die Möglichkeit, die fehlende Energie durch die Verwertung von Proteinen und Fetten zu decken. In der Praxis ist das allerdings nicht nur unnötig, sondern auch oft problematisch: Hohe Proteingehalte belasten die Leber und die Niere, sind aber auch nicht besonders effektiv, was die Energiegewinnung angeht. Hohe Fettgehalte sind häufig weniger gut verträglich und können zu Durchfall mit Fettstuhl führen. Eine Energieunterversorgung beim adulten Hund ist in der Regel leicht durch einen Gewichtsverlust zu erkennen. In diesem Fall raten wir dringend zur Rationsberechnung, da diese meist zielführender in Bezug auf die Gewichtszunahme ist, als wenn man einfach die doppelte Menge des offenbar falschen Futters füttert. Bei adipösen (fettleibigen) Hunden empfiehlt es sich andersrum, den Kohlenhydratanteil zu Gunsten eines erhöhten Fasergehaltes (Ballaststoffe) zu kürzen.

Neben dem Energiebedarf ist prinzipiell aber auch immer die individuelle Verträglichkeit der Kohlenhydrate im Darm bei jedem Hund zu berücksichtigen. Das gilt außerdem für alle Empfehlungen in diesem Buch! Manche Hunde reagieren auf hohe Protein- oder Fettgehalte mit Verdauungsstörungen, bei anderen wiederum können hohe Kohlenhydratanteile oder zu hohe Bindegewebsanteile in der Ration zu Blähungen und Durchfall führen.

Die optimale Versorgung gibt es leider nicht, zumindest nicht in Form von Bedarfszahlen. Bezüglich genauerer Angaben verweisen wir auf das amerikanische NRC (National Research Council)[41] und auf ältere Angaben der Gesellschaft für Ernährungsphysiologie[42]. Dennoch sollte bis hierhin klar geworden sein, wie wichtig Kohlenhydrate als schnell verfügbare Energieträger sind. Je nach Energiebedarf des Hundes kann eine Futterration deshalb bis zur Hälfte aus Kohlenhydraten bestehen, Meyer und Zentek

Ballaststoffe fördern die Verdauung und regen die Darmtätigkeit an.

sprechen sogar von zwei Dritteln der Ration[43]. Ein erhöhter Anteil an Kohlenhydraten im Futter ist besonders dann angezeigt, wenn die Zufuhr von anderen Energieträgern aufgrund von Erkrankungen limitiert werden muss, wie es zum Beispiel bei Pankreas-, Nieren- oder Lebererkrankungen der Fall ist, da hier der Proteingehalt reduziert werden sollte, um die betroffenen Organe zu schonen.

Fazit: **Kohlenhydrate**

Wichtig ist hier nochmal die Erwähnung, dass der Hund dennoch kein Vegetarier oder gar Veganer ist! Keine Kohlenhydrate sind in der Ernährung eines Carni-Omnivoren genauso fehl am Platz, wie die ausschließliche Fütterung von Kohlenhydraten! Kohlenhydrate in Form von Ballaststoffen sind wichtig für ein gesundes Mikroklima im Dickdarm.

5.4. Rohfaser

Der Rohfasergehalt im Futter gibt die Menge an löslichen und unlöslichen Faserstoffen an. Faserstoffe sind langkettige Kohlenhydratverbindungen, die vom Hund nicht verdaut werden können, aber dennoch eine physiologische Wirkung im Darm entfalten können. Zu den unlöslichen Faserstoffen gehören beispielsweise die Cellulose oder das Lignin, während Pektin oder Inulin die wichtigsten löslichen Fasern darstellen. Faserstoffe sind in Pflanzenteilen enthalten und wurden von den Urahnen der Hunde hauptsächlich über den Mageninhalt von Beutetieren aufgenommen.

Ein gewisser Anteil an Rohfasern (Ballaststoffe), ist wie gesagt für eine natürliche Funktion des Darmes nötig. Der Darm wird gefüllt und dadurch seine Bewegung angeregt. Verstopfung und Darmträgheit werden so vermieden.

Mais ist schädlich für Hunde — wenn er ihnen die Sicht nimmt.

Denn unlösliche Faserstoffe werden im Hundedarm nicht verdaut und verlassen diesen auch wieder in unveränderter Form. Jedoch besitzen sie die positive Eigenschaft, Wasser zu binden, und tragen somit zu einer physiologischen Kotkonsistenz bei. Es wird gleichzeitig einer zu weichen Konsistenz (mit einem hohen Anteil an ungebundenem Wasser) als auch einer zu harten Konsistenz des Hundekots vorgebeugt. Ballaststoffe wirken zudem Kotabsatzbeschwerden und Verstopfungen entgegen.

Lösliche Faserstoffe können zwar von den körpereigenen Darmenzymen des Hundes nicht aufgespalten werden, jedoch dienen sie als Nahrung für die nützlichen Darmbakterien, die zu einer gesunden Darmflora gehören. Somit tragen sie indirekt zu einem optimalen Darmmilieu bei und können helfen, schädliche Darmbakterien zu verdrängen. Lösliche Faserstoffe finden sich z.B. in der Chicoréewurzel als Inulin.

Neben der Beschaffenheit des Darminhaltes beeinflussen Faserstoffe natürlich auch die Futterbeschaffenheit selbst. Eine erhöhte Menge an Fasern im Futter (Rohfasergehalt über 5 % bei Trockenfutter bzw. über 1 % bei Feuchtfutter) erhöht die Futtermenge, ohne den Energiegehalt zu steigern, und trägt damit zu einem besseren Sättigungsgefühl bei. Dies kann gerade bei übergewichtigen Hunden eine Diät zur Gewichtsreduktion erleichtern, aber auch bei stets hungrigen Hunden eine verbesserte Sättigung herbeiführen[44] und so dem Übergewicht indirekt vorbeugen. Neben Rübenschnitzeln kann hier sogar reine Cellulose[45] oder Faserprodukte der Kartoffel (Nebenprodukt der Stärkeproduktion) zum Einsatz kommen[46]. Als Nebeneffekt einer erhöhten Futtermenge ist jedoch auch mit einer erhöhten Kotmenge zu rechnen, da ein Teil des Futters unverdaut wieder ausgeschieden werden muss – dies ist in solchen Fällen durchaus gewollt. Bei verschiedenen Durchfallerkrankungen haben sich Faserstoffe ebenfalls bewährt, um eine Verbesserung der Symptome zu bewirken. Sogar bei Leber- und Nierenerkrankungen können Faserstoffe nützlich sein, denn sie führen zu einer Absenkung des pH-Wertes im Darm und vermindern so die Freisetzung von Ammoniak, was wiederum den Stoffwechsel entlastet.

5.5. Vitamine

Vitamine sind organische Nährstoffe (Mikro-Nährstoffe), die in kleinen Mengen lebensnotwendig sind und von Mensch und Tier nicht oder nicht in ausreichender Menge produziert werden können (Abb. 15).

Sie müssen also zugefüttert werden, um Mangelerscheinungen vorzubeugen. Man unterscheidet zum einen die wasserlöslichen Vitamine (B-Vitamine, Vitamin C) und zum anderen die fettlöslichen (Vitamin A, D, E, und K) (Abb. 16).

Wasserlösliche Vitamine haben im Organismus eine wichtige Funktion als Coenzyme (wichtig für enzymatische Reaktionsabläufe) in verschiedenen Stoffwechselvorgängen. Sie können nur in einem sehr geringen Umfang gespeichert werden und müssen deshalb kontinuierlich mit der Nahrung zugeführt werden. Ein Teil wird auch durch die Darmflora, die ja glücklicherweise einige Jobs für uns übernimmt, gebildet. Wenn allerdings eine Verdauungsstörung (IBD, Diarrhoen etc.) oder eine Störung der Darmflora vorliegt, muss mit einer verminderten Versorgung gerechnet werden. Im Gegensatz zu den fettlöslichen Vitaminen stellt eine Überversorgung bei den wasserlöslichen Vitaminen kein Problem dar, da der Überschuss normalerweise über die Nieren ausgeschieden wird.

Fettlösliche Vitamine werden dem Hund mit dem gefütterten Nahrungsfett zugeführt.

Abbildung 15

Abbildung 16: Einteilung der Vitamine.

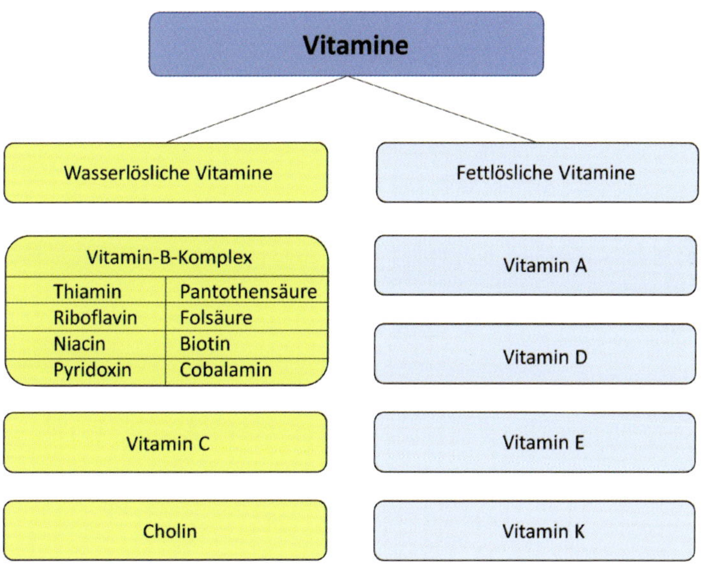

Vitamin	Wichtige Funktionen
A	wichtig für die Augenfunktion, hilft beim Wachstum und der fetalen Entwicklung, beeinflusst Immun- und Zellfunktionen
B	• Thiamin: Beteiligung am Energie- und Kohlenhydratstoffwechsel sowie elektrischen Vorgängen an Nervenzellen • Riboflavin (B12) und Niacin beeinflussen Enzymfunktionen • Vitamin B6 ist sehr potent, ist eingebunden in die Glucosebereitstellung, spielt eine Rolle für rote Blutkörperchen und das Nervensystem, beeinflusst die Hormonregulation, die Immunantwort, die Niacinsynthese und Genaktivierung • Pantothensäure, hat eine Rolle im Energiestoffwechsel • Folsäure ist wichtig im Aminosäuren-, Mitochondrien- und Nukleotid-Stoffwechsel
C	Antioxidans, Zellschutz, sie inaktivieren im Organismus reaktive Sauerstoffspezies (ROS)
D	»Sunshine Vitamin«, Ca- und Phosphor-Stoffwechsel, Knochenaufbau- und -gesundheit, Immunsystem
E	Antioxidans, Zellfunktion, Fettstoffwechsel, Muskelaufbau, Reproduktion
K	wichtig für die Blutgerinnung
Cholin	Bestandteil der Zellmembran, fördert Gehirn- und Leberfunktion

Tabelle 1: Das Vitamin-Alphabet: Die glorreichen Sieben.

Kommt es zu einer Störung der Fettverdauung, zum Beispiel bei einer Pankreasinsuffizienz (Unterfunktion der Bauchspeicheldrüse, Lipasemangel), so zieht das auch eine Unterversorgung mit fettlöslichen Vitaminen nach sich. In geringem Umfang können sie im Körper gespeichert werden, sodass eine Unterversorgung zunächst kompensiert wird, aber wenn die Speicher leer sind, ist ein Mangel an fettlöslichen Vitaminen die logische Folge. Andersrum kann eine Zufuhr, die langfristig deutlich über dem Bedarf liegt, zu Intoxikationen (Hypervitaminose) führen (Tab. 1).

Funktion der Vitamine. Auf die Regelmechanismen und Funktionen der einzelnen Vitamine einzugehen, würde ein zweites Buch erfordern, weshalb wir hier nur exemplarisch ein paar Beispiele für die Funktionen der wichtigsten Vitamine (»Die glorreichen Sieben«) geben möchten:

Vitamin A

Vitamin A gilt als »Schutzvitamin« für die Haut und die Schleimhäute. Liegt ein Mangel an Vitamin A vor, werden die Schleimhäute brüchig und Infektionserreger können leichter eindringen. Vitamin A spielt aber auch beim Sehen eine wichtige Rolle und ist an der Synthese von Proteinen beteiligt. Der Hund kann das in Grünpflanzen und Möhren vorkommende β-Carotin in Vitamin A umwandeln. Eine Überversorgung mit

Vitamin A zeigt sich relativ häufig bei der einseitigen Fütterung von Leber – vor allem bei noch wachsenden Hunden. Die Folgen sind geringere Gewichtszunahmen, eine Übererregbarkeit im Verhalten, Abbau von Knochensubstanz, Frakturneigungen.

Vitamin A-Mangel zeigt sich bei erwachsenen Tieren deutlich später als bei jungen Hunden. Bei Welpen kommt es zu einer geringeren Futteraufnahme, Wachstumsstörungen, Bindehautentzündungen, Hornhauttrübungen und zu einer erhöhten Anfälligkeit für Infektionen und Parasiten. Auch Ataxien, Koordinationsstörungen und Ausfälle der Seh- und Hörnerven können die Folge sein. Wird eine tragende Hündin ungenügend mit Vitamin A versorgt, führt das in der Regel zu lebensschwachen Welpen.

Vitamin A wird als wichtige Substanz bei der Beeinflussung der normalen Gehirnfunktion, des Lernen und Verhaltens angesehen[47]. Es lässt sich vermuten, dass das beim Hund auch so ist, aber das muss erst noch durch entsprechende Untersuchungen abgeklärt werden.

Vitamin-B-Komplex

In der Gruppe der wasserlöslichen Vitamine spielen die B-Vitamine für den Hund eine besonders wichtige Rolle. Die B-Vitamine haben eine fundamentale Bedeutung für sehr viele Prozesse des Organismus, da sie an zahlreichen Stoffwechselvorgängen der Körperzellen beteiligt sind. Vitamin B-Vitamine sorgen für Energie! Auch aufs Verhalten haben sie Einfluss. Sie unterstützen besonders die Konzentration, also eine kognitive Leistung. Eine Überversorgung stellt kein Problem dar, da ein Zuviel bei einer intakten Nierenfunktion einfach ausgeschieden wird. Ein Mangel an B-Vitaminen ist relativ selten, da sie in vielen Futtermitteln enthalten sind. Kommt es doch zu einer Unterversorgung, kann es neben mangelndem Appetit (B-Vitamine wirken appetitanregend) später auch zu Krampfanfällen und Lähmungserscheinungen kommen. Ein Risikofaktor für die Entstehung eines Vitamin-B-Mangels ist das Füttern von großen Mengen roher Eier, da besonders rohe Hühnereier im Eiklar Avidin enthalten, das Biotin bindet und so für den Organismus unbrauchbar macht. Das kann trotz ausreichender Mengen Biotin in der Ration zum Mangel führen. Auch roher Fisch kann für das Biotin ein Problem darstellen, da er ein Enzym enthält, das Vitamin B1 spalten kann, die Thiaminase. Sowohl das Avidin als auch die Thiaminase werden aber bei Hitze inaktiviert, sodass die Gabe von erhitzten Eiern oder Fisch unproblematisch ist.

Der Vitamin B-Komplex umfasst die folgenden acht wasserlöslichen Vitamine: Thiamin (B1), Riboflavin (B2), Niacin (B3), Pantothensäure (B5), Pyridoxin (B6), Biotin (B7), Folsäure (B9), Cobalamin (B12).

Die acht B-Vitamine ergänzen sich in einer Vielzahl an lebenswichtigen Prozessen im Körper. So tragen z. B. die Vitamine B1, B2, B3, B5, B6, B7 und B12 zu einem normalen Energiestoffwechsel bei und die Vitamine B2, B3, B5, B6, B9 und B12 zur Verminderung von Müdigkeit, Schlaffheit, Desinteresse und Lernvermögen. Vitamin B5 unterstützt außerdem die normale geistige Leistung. Und damit sind nur ein paar Funktionen der B-Vitamine genannt!

Da die B-Vitamine häufig eng zusammenwirken ist es wichtig, mit allen 8 gleichermaßen ausreichend versorgt zu sein. Hier ein Beispiel für die umfassende Beteiligung von Thiamin (B1) auf wichtige Körperfunktionen beim Hund[48]:

Informationsverarbeitung im Gehirn, Gleichgewichtsgefühl, Polyneuropathie, Krampfanfälle, Sehfunktion, Darmmotorik, Herzrhythmus. Da Vitamin-B-Vitamine ganz entscheidende Player im zellulären Energiestoffwechsel sind und vor dem Hintergrund, dass Nervenzellen geradezu Energiefresser sind, erscheint es logisch, dass B-bedingte Fehlfunktionen Auswirkungen auf Kognition und Verhalten haben. Das gilt gleichermaßen für Mensch und Hund, auch wenn es noch eine Menge Forschungsbedarf gibt.

Vitamin C

Anders als der Mensch (und z.B. das Meerschweinchen) kann der Hund Vitamin C selbst synthetisieren, sodass es für ihn kein Vitamin im engeren Sinne darstellt und nicht zwingend mit dem Futter zugeführt werden muss.

Vitamin C wird in der Leber gebildet und verteilt sich von dort in nahezu alle Körperregionen. Es ist vor allem als Radikalfänger und Antioxidans bekannt. Es schaltet aggressive freie Radikale aus, die im Körper entstehen und sich teilweise negativ auswirken. Die antioxidativen Eigenschaften spielen laut Bundesinstitut für Risikobewertung (BfR) im Immunsystem eine wesentliche Rolle. Zudem benötigt der Organismus Vitamin C für zahlreiche Stoffwechselvorgänge – zum Beispiel, um Bindegewebe neu aufzubauen sowie bestimmte Botenstoffe und Hormone zu bilden. Zwei weitere wichtige Effekte von Vitamin C: Es fördert die Aufnahme von Eisen im Darm und trägt dazu bei, krebserregende Stickstoffverbindungen (Nitrosamine) aus Futtermitteln unschädlich zu machen. Vitamin C ist Kofaktor bei der Produktion so wichtiger Stoffe wie Vasopressin und Catecholaminen. Daten zur Vitamin-C-Wirkung beim Hund sind noch spärlich zu finden[49].

Vitamin D

Vitamin D ist traditionell das »Knochenhormon«, es reguliert zusammen mit dem Parathormon aus der Nebenschilddrüse den gesunden Knochenaufbau und -erhalt. Die Festigkeit und damit Stabilität der Knochen wird auch maßgeblich durch Vitamin D geregelt. Ebenso bei der Aufnahme von Calcium und Phosphor aus dem Verdauungstrakt spielt es eine entscheidende Rolle. Eine Überversorgung führt aufgrund einer übermäßigen Resorption der Mineralstoffe aus der Nahrung leicht zu Verkalkungen in den Blutgefäßen und kann ebenfalls die Niere betreffen, was mit schweren Funktionsstörungen bis hin zum Nierenversagen einhergehen kann. Eine Unterversorgung mit Vitamin D ist heutzutage eher selten, ist aber, wenn vorhanden, dramatisch.

Ein Vitamin-D-Mangel hat primär natürlich bedeutsame Auswirkungen auf die Knochengesundheit. Die gravierendsten Folgen sind die Entkalkung und letztendlich die Erweichung der Knochen. Bei wachsenden Tieren kann dies zum Krankheitsbild der Rachitis führen, das heißt zu schwerwiegenden Störungen des Knochenwachstums und zu bleibenden Verformungen des Skeletts inklusive Veränderungen im Bereich der Wachstumsfugen. Zudem werden häufig eine verringerte Muskelkraft, ein verminderter Muskeltonus sowie eine erhöhte Infektionsanfälligkeit beobachtet.

Bei Adulten kann es durch die Entkalkung des Knochens zu Verformungen der tragenden Knochen, zu Knochenschmerzen und Muskelschwäche sowie zu Kraftminderung kommen – und damit zum Krankheitsbild der Osteomalazie. Eine weitere Erkrankung, zu der ein Vitamin-D-Mangel beitragen kann, ist Osteoporose, die sich vor allem im höheren Lebensalter manifestiert. Sie ist durch eine erniedrigte

In Bezug auf Ernährung und Verdauung ist der Hund kein kleiner Wolf!

Knochenmasse sowie eine mikroarchitektonische Verschlechterung des Knochengewebes gekennzeichnet, was zu einer geringeren Bruchfestigkeit des Knochens führt.

In den vergangenen Jahren wurden darüber hinaus Zusammenhänge zwischen der Vitamin-D-Versorgung und nicht-skelettalen Erkrankungen wie Bluthochdruck, Diabetes mellitus Typ 2 sowie kardiovaskulären oder Krebskrankheiten in Beobachtungsstudien gefunden. Bislang gibt es jedoch keine Beweise für kausale Zusammenhänge.

Die Rolle von Vitamin D beim Hund ist weit weniger gut untersucht als beim Menschen, Labor- und Nutztieren. Nach allem, was man bisher weiß, verhält sich der Vitamin D-Stoffwechsel des Hundes aber ähnlich. Vor diesem Hintergrund wird die erst neuerdings propagierte Vitamin D-Rolle als neuroprotektive Substanz im Zusammenhang mit Kognition, Depression und Demenz für vergleichende Untersuchungen am Hund hoch interessant[50].

Vitamin E

Als eines der wichtigsten Antioxidantien wird Vitamin E sowohl im Körper als auch im Futtermittel verwendet, weil es die Fähigkeit hat, oxidationsempfindliche Stoffe, wie etwa Carotinoide, ungesättigte Fettsäuren oder Vitamin A zu schützen. Außerdem hat es wichtige Funktionen in der Atmungskette, bei der Synthese von DNS, langkettigen Fettsäuren und Vitamin C. Hunde zeigen, im Gegensatz zu anderen Tierarten, gegenüber erhöhten Mengen an

Vitamin E eine relativ hohe Toleranz, sodass eine Überversorgung meinst folgenlos bleibt. Eine Unterversorgung kann dagegen zu Muskel- oder Wachstumsschäden führen.

Vitamin K

Ähnlich wie Vitamin C muss auch Vitamin K nicht extra über die Nahrung zugeführt werden – denn auch das übernimmt praktischerweise unsere Darmflora bzw. die des Hundes. Vitamin K ist für die Blutgerinnung essenziell. Entsprechend führt ein Mangel an Vitamin K zu Blutgerinnungsstörungen, denn Vitamin K ist in der Leber an der Herstellung von Gerinnungsfaktoren beteiligt. Normalerweise ist das von der Mikroflora des Magen-Darm-Traktes produzierte Vitamin K ausreichend, allerdings kann es z.B. bei der Aufnahme von Rattengift oder auch einer gestörten Darmflora (bspw. durch Entzündungen im Magen-Darm-Trakt) zu einer Mangelsituation und in deren Folge zu einer verzögerten Blutgerinnung kommen.

Cholin

Ähnlich wie Vitamin C und Vitamin K muss auch Cholin nicht extra über die Nahrung zugeführt werden und zählt damit nicht zu den »echten« Vitaminen, wird aber vor allem in der angelsächsischen Literatur häufig dazugerechnet. Cholin ist wichtig für einen korrekten Zellmembranaufbau. Als wichtiger Molekülbestandteil des Neurotransmitters Acetylcholin spielt Cholin eine wichtige Rolle bei der Übertragung von Signalen auf die Muskeln und somit der Steuerung von lebensnotwendigen Funktionen wie Atmung, Blutdruck oder Herzschlag. Mangel an Cholin kann sich auf den Fettstoffwechsel der Leber und Störungen im Bewegungsapparat auswirken. Es wird sogar ein Cholin-Einfluss bei gewissen Erkrankungen der Gehirnfunktion (Depression) vermutet[51].

5.6. Mineralstoffe

Mengenelemente

Mengen- und Spurenelemente sind für den Körper lebensnotwendige anorganische Stoffe (Tab. 2). Die Unterteilung ist eine willkürliche und bezieht sich auf die vom Körper benötigten Mengen. Während die Konzentration der sieben essenziellen Mineralien (Calcium, Phosphor meist als Phosphatsalz, Magnesium, Natrium, Chlor meist als Chloridsalz, Kalium und Schwefel meist als Sulfatsalz) im Grammbereich der Körpertrockensubstanz liegt, sind es bei den Spurenelementen eben nur Spuren, in der Regel unter 100 mg/kg Trockensubstanz. Als essenzielle Spurenelemente für den Hund werden Eisen, Zink, Kupfer, Mangan, Jod und Selen eingestuft. Bei weiteren Spurenelementen ist ihre Rolle im Hundestoffwechsel nicht ganz klar.

Calcium und Phosphor

Beides sind für den Körper wichtige Mineralien, die in hoher Konzentration vor allem im Skelett vorliegen. Ein Hundekörper enthält 10–15 g Calcium/kg Körpermasse, 98 % davon finden sich im Skelett. Auch vom Phosphor enthält der Hundekörper große Mengen, nämlich immerhin 5–8 g/kg Körpermasse, 80 % davon liegen auch hier in den Knochen vor. Das zeigt die enorme Wichtigkeit beider Mineralstoffe für ein gesundes Skelett.

Mineralstoff	Wichtige Funktionen	Mangel	Überschuss
Calcium	Knochen, Zähne, Blutgerinnung, Muskel, Nervenleitung	Verringertes Wachstum, Appetit, Knochenstabilität, Lahmheit, Krämpfe, Rachitis, Herzinsuffizienz	Verringerte Futteraufnahme, Verkalkungen, Vitamin D-Stoffwechsel
Phosphor	Knochen, Zähne, Muskel, Stoffwechsel, Pufferung, Reproduktion	Verringerter Appetit, Wachstum, Rachitis, geringere Fruchtbarkeit	Knochenverlust, Harnsteine, Verkalkungen, Vitamin D-Stoffwechsel
Magnesium	Knochen, Zellplasma, Nervenleitung, Stoffwechsel	Muskelschwäche, Krämpfe, Erbrechen, übermäßige Reizbarkeit	Harnsteine, Lähmungen
Natrium und Chlorid	Osmotischer Druck, Säure-Basen-Haushalt, Nervenleitung, Wasserhaushalt, Membranpotential	Gestörter Wasserhaushalt, Erbrechen, Müdigkeit, Erschöpfung, Fehlfunktion von Nervenzellen, Herzinsuffizienz	Durst, Juckreiz, Krämpfe, Tod
Kalium	Muskel, Nervenleitung, Stoffwechsel, Membranpotential	Fehlfunktion von Nervenzellen, Herzinsuffizienz, Lethargie	Selten, Lähmungen, verringerte Herzfrequenz
Eisen	Enzymbestandteil, Sauerstofftransport, Hämoglobin, Myoglobin	Anämie, raues Fell, Unruhe, verringertes Wachstum	Nierenschwäche, Bluterkrankungen, Gewichtsverlust
Zink	Enzymbestandteil, Haut- und Wundheilung, Immunreaktionen, Wachstum	Anorexie, Hautaufbau, beeinträchtigte Reproduktion, Augenentzündungen	Relativ ungiftig
Kupfer	Enzymbestandteil, Zellatmung, Immunfunktion	Anämie, Knochenläsionen, Reproduktionsversagen, neuromuskuläre Erkrankungen	Hepatitis, Leberstoffwechsel
Mangan	Enzymbestandteil, Stoffwechsel, Reproduktion, Mitochondrien	Beeinträchtigte Reproduktion, Fettleber, verringertes Wachstum	Relativ ungiftig
Jod	Bestandteil von Schilddrüsenhormonen	Kropf, raues Fell, vergrößerte Schilddrüse, Apathie, Lethargie	Ähnlich denen eines Jodmangels, Kropf, Fieber
Selen	Enzymbestandteil, Immunfunktion, Reproduktion	Muskelabbau, Reproduktionsversagen, verringerte Futteraufnahme	Erbrechen, Spasmen, Speichelbildung, steifes Gangbild, gestörte Keratinbildung

Tabelle 2: Wichtige Mengen- und Spurenelemente.

Der Beagle stellt keine besonders hohen Ansprüche an seine Fütterung – Hauptsache es ist viel.

Calcium kommt in kleinen Mengen auch im Weichgewebe vor. Es steuert verschiedene Stoffwechselwege und ist z.B. für die Blutgerinnung, die Kontraktion der Muskulatur oder auch die Permeabilität der Blutkapillaren von Bedeutung.

Phosphor, das man in höherer Konzentration auch im Weichgewebe vorfindet, ist Bestandteil vieler Proteine und Nukleinsäuren. Im Stoffwechsel hat es eine zentrale Funktion im zellulären Energiestoffwechsel und bei der Aktivierung verschiedener Substrate.

Der Calcium-Spiegel im Blut wird über hormonelle Regelkreise der Nebenschilddrüsen und der Schilddrüse sowie über Vitamin D reguliert. Geringe Mengen an Calcium werden über die Nieren ausgeschieden. Dass der Blut-Ca-Spiegel in engen Grenzen gehalten wird, ist für den Organismus lebensnotwendig. Steht zu wenig Calcium zur Verfügung, wird es aus dem Skelett mobilisiert, was auf Dauer zu Schädigungen führt.

Der Phosphor-Spiegel im Blut ist weit weniger streng reguliert als der Calcium-Spiegel. Je nach Alter und Ernährung kommt es zu Schwankungen. Phosphor wird über die Nieren ausgeschieden, bei zu hohem Angebot, steigt das Risiko für die Entwicklung von Harnsteinen.

Funktion. Das im Knochen gespeicherte Calcium und Phosphor hat sowohl metabolische als auch funktionelle Aufgaben. Die funktionellen Anteile gewährleisten die Stabilität des Skeletts, während die funktionellen Anteile im Austausch mit dem Blut stehen und Aufgaben im Stoffwechsel übernehmen können.

Calcium-Phosphor-Verhältnis. Das optimale Verhältnis der beiden Mengenelemente liegt – je nach Alter – bei 1,3 bis 2 (Calcium) zu 1 (Phosphor). Geringe Abweichungen davon werden toleriert. Größere Abweichungen (Ca/P-Verhältnis unter 1:1) sind aber zu vermeiden.

Versorgung. Die Calcium-Versorgung ist mit der Fütterung gängiger Alleinfuttermittel oft nicht gewährleistet, während es beim Phosphor eher zu einem Überschuss kommen kann. Fleisch, Schlachtabfälle, Getreide und Kartoffeln sind vergleichsweise arm an Calcium, weisen aber umso höhere Phosphorgehalte auf. Damit liegt das Ca/P-Verhältnis bei der einseitigen Fleisch- (und Kartoffel- oder Getreide-) Fütterung oft deutlich unter 1:1 und ist damit problematisch. Darum müssen selbst (und unpassend) zusammengestellte Rationen häufig noch mit Calcium supplementiert werden. Calcium-reich sind hingegen Knochen, Karkassen und Tier- und Fischmehle sowie Milchprodukte.

Mangel. Eine mangelhafte Versorgung wird zunächst durch Mobilisation des sogenannten metabolischen Calciums und Phosphors aus den Knochen kompensiert, da der Blutspiegel Vorrang hat. Sind jedoch die Reserven aufgebraucht, zieht das schwerwiegende Skeletterkrankungen nach sich. Darum ist auch eine Bestimmung des Blut-Calciums für die Überprüfung einer Ration absolut ungeeignet. Ist der Mangel im Blut angekommen, krankt das Skelett bereits gewaltig!

Überschuss. Neben den Auswirkungen auf das Ca/P-Verhältnis hat auch ein absoluter Mangel an einem der beiden Mineralien Folgen: Ein einseitiger Ca-Überschuss führt vor allem bei großwüchsigen Rassen zu Störungen der Skelettentwicklung. Zusätzlich vermindert das auch die Aufnahme von Phosphor und dadurch auch von Magnesium und Zink, wodurch es zu sekundären Mangelerscheinungen kommen kann. Auch der isolierte Phosphor-Überschuss beeinträchtig seinerseits die Absorption von Calcium, aber auch von Magnesium, Zink und Eisen.

Da ein Zuviel an Phosphor über die Nieren ausgeschieden werden muss, kann es – insbesondere bei älteren Hunden mit eingeschränkter Nierenfunktion – zu Nierenschäden führen. Besonders beim alten Hund sollte man also die Phosphor-Zufuhr gut im Auge behalten. Ein weiteres Problem zu hoher Phosphorgaben sind Harnsteine, hier insbesondere Struvit-Steine. Eine allzu großzügige Versorgung mit Phosphor sollte also verhindert werden und die Bedarfswerte nicht um mehr als das Doppelte überschritten werden.

Magnesium

Das Magnesium (Mg) im Hundekörper verteilt sich zu 50 % im Skelett und zu 50 % im Gewebe. Es ist Bestandteil zahlreicher Enzyme und damit im Fett-, Eiweiß- und Kohlenhydrat-Stoffwechsel unverzichtbar. Nach der Absorption im Darmtrakt, die im Mittel etwa 40 % des bioverfügbaren Anteils im Futter erreicht, wird Magnesium auf die Körpergewebe, besonders Knochen, Muskel und Gehirn, verteilt. Mg spielt eine entscheidende Rolle bei der Muskelkontraktion, ein Mangel an Mg führt zu Krämpfen oder Lähmungen. Im Gehirn wirkt Mg (genauso wie Ca) beruhigend auf die elektrische Aktivität von Nervenzellen und verhindert das unnötige Ausschütten von Neurotransmittern. In diesem Sinne arbeitet Mg sedativ und stressmindernd. Es wird ihm eine Rolle bei neurologischen Erkrankungen wie Migräne, Depression und Epilepsie zugeschrieben[52].

Bei Tieren im Wachstum führt ein Mg-Mangel zu einer geringeren Futteraufnahme, Untergewicht, Muskelschwäche, Bewegungsstörungen und am Ende auch zu generalisierten tonisch-klonischen Krämpfen (epileptiforme Anfälle). Ein Überschuss beeinflusst nebenbei die Verwertung von Calcium und Phosphor, verursacht aber auch Durchfall, was bei betroffenen Hunden auch ein Problem mit Nahrungsergänzungen zur Verhaltensbeeinflussung darstellen kann. Oft hilft es aber, das Präparat langsam einzuschleichen. Außerdem kann zu viel Magnesium im Harn die Bildung von Struvit-Harnsteinen (Magnesium-Ammonium-Phosphat) fördern. Das sollte besonders bei Hunden mit Vorgeschichte fütterungstechnisch berücksichtigt werden.

Natrium und Chlorid

Natrium und Chlorid sind im Hundekörper extrazellulär, vor allem im Blut anzutreffen. Natrium findet sich aber auch im Skelett, während Chlorid im Magen und in der Haut eine wichtige Rolle spielt.

Beide Elemente werden zur Regulation des Wasserhaushaltes benötigt, spielen aber auch im Säure-Basen-Gleichgewicht und in der neuromuskulären Erregbarkeit eine Rolle. Natrium und Chlorid unterliegen einer strengen hormonellen Regulation durch die sogenannten Mineralokortikoide der Nebennierenrinde. Ein Zuviel wird über die Nieren ausgeschieden.

Ein lang anhaltender Natriummangel führt, wenn er nicht mehr kompensiert werden kann, zur Dehydratation, verringertem Blutvolumen, Unruhe, Lecksucht, Schluckbeschwerden. Es kommt zum Gewichtsverlust, Herz- und Atemfrequenz steigen an, die Leistungsfähigkeit nimmt ab.

Beim Menschen ist bekannt, dass ein Natriummangel auch die Riechfähigkeit beeinflusst – zum Hund existieren keine Studien, aber das könnte ja bei entsprechend mit der Nase arbeitenden Hunden eventuell relevant sein. Später werden wir über eine mögliche Verbindung zwischen Mikrobiota und Nasenleistung sowie Zink und olfaktorischer Sensitivität berichten.

Die Toleranz gesunder Hunde gegenüber einem Überschuss ist hingegen relativ groß, sofern ausreichend Wasser zur Verfügung steht. Dann steigt der Blutdruck zwar anfangs an, reguliert sich aber wieder auf ein Normalmaß. Eine drastische Überversorgung kann allerdings zu Durchfall, Krämpfen und Hirnödemen führen.

Kalium

Der Großteil des Kaliums im Hundekörper findet sich interzellulär, es spielt in den Zellen eine wichtige Rolle zur Regulation des osmotischen Drucks. Aber auch viele Enzyme für wichtige Stoffwechselvorgänge sind auf Kalium angewiesen.

Kalium kann im Körper nur sehr schlecht gespeichert werden, Überschüsse werden über die Nieren ausgeschieden. Reguliert wird der recht eng gefasste, optimale Kaliumspiegel auch über die Hormone aus der Nebennierenrinde.

Ein Kaliummangel führt zu drastischen Störungen im Körper. Bei Hunden im Wachstum kommt es zu Unruhe und geringen Gewichtszunahmen. Bei erwachsenen Hunden sind Leistungsschwäche, Blutdruckabfall und eine Abnahme der Durchblutung der Niere die Folge.

Allerdings enthalten die meisten Futtermittel ausreichend Kalium, um die Versorgung sicherzustellen. Dennoch haben Reis, Weißmehl, Fett und Zucker geringe K-Gehalte, und auch das Waschen von Futter (Schlachtabfälle) reduziert deren Kaliumgehalt. Ein Zuviel wird vom Hund gut toleriert, solange ausreichend Trinkwasser zur Verfügung gestellt wird.

Spurenelemente

Bedarfsdeckende Ernährung steigert die Fitness.

Eisen

Das Spurenelement Eisen übernimmt im Körper wichtige Funktionen, da es zum Beispiel beim Sauerstofftransport und der Blutbildung eine große Rolle spielt. Darüber hinaus hält es Haut, Haare und Nägel gesund und stärkt die Abwehrkräfte. Eisen ist das am häufigsten im Körper vorkommende Spurenelement und vor allem für den lebensnotwendigen Sauerstofftransport verantwortlich. Der über die Lungen aufgenommene Sauerstoff wird mit Hilfe des Eisens in den roten Blutkörperchen (Erythrozyten) an den Blutfarbstoff Hämoglobin gebunden. Dieser verteilt den Sauerstoff dann im ganzen Körper, damit er in den einzelnen Zellen zur Energiegewinnung genutzt werden kann. Darüber hinaus wird Eisen für die Blutbildung an sich benötigt.

Steht dem Körper nicht genügend Eisen zur Verfügung, kann es zu einer der häufigsten Form der Blutarmut, der Eisenmangelanämie, kommen. Es wird nicht nur die Bindung des Sauerstoffs an den Blutfarbstoff beeinträchtigt, sondern die Bildung des Hämoglobins selbst läuft ohne ausreichenden Eisenstatus nur noch verzögert ab. Dem Körper fehlt also die Transportmöglichkeit für den Sauerstoff in die Organe, die dann nicht mehr ausreichend mit dem überlebenswichtigen Gas versorgt werden. In der Folge verschlechtert sich die Sauerstoffversorgung des Körpers und es treten vor allem Müdigkeit, Antriebslosigkeit sowie eine blasse, trockene Haut auf.

Zink

Zink ist das nach Eisen bedeutsamste Spurenelement. Als Bestandteil von mehr als 300 Enzymen besitzt es vielfältige Wirkungen in praktisch allen Stoffwechselbereichen, sodass ein Zinkmangel weitreichende Konsequenzen nach sich ziehen kann. Dies betrifft insbesondere die epitheliale Barrierefunktion (Haut, Darmschleimhaut, Respirationstrakt), etliche Immunfunktionen und erhöhte Infektionsanfälligkeit. Möglicherweise hat Zink einen Verstärkereffekt auf die olfaktorische Sensitivität gegenüber gewissen Substanzen[53].

Zum Glück sind ausgeprägte Mangelerscheinungen eher selten anzutreffen, allerdings zeigen sich häufiger leichte Defizite, die klinisch gar nicht auffallen müssen[54]. Die Ursachen sind oftmals Ernährungsfehler (zu wenig/ zu viel). Andererseits finden sich inzwischen verschiedene Hinweise darauf, dass zusätzliche Zinkgaben zumindest beim Menschen von gesundheitlichem Nutzen bei Infektions- und Erkältungskrankheiten, der altersbedingten Makuladegeneration sowie bei energieaufwändigen Tätigkeiten (Sport) sein können. Entsprechende Empfehlungen müssen auf Basis

Ein satter, zufriedener Hund.

der bislang vorliegenden klinischen Ergebnisse allerdings differenziert betrachtet werden und ob die Annahmen auf den Hund übertragen werden können, ist nicht untersucht.

Kupfer

Von den vielen kupferhaltigen Enzymen spielen vor allem vier Enzymsysteme eine Schlüsselrolle in Bezug auf die Entstehung klinischer Anzeichen eines Kupfermangels. Dies beinhaltet Blutbildungs-, Pigmentierungsstörungen, veränderte Integrität des Bindegewebes und Störungen der Lungen, Knochen und im Herzkreislaufsystem. Die Leber ist das zentrale Organ des Kupfermetabolismus. Die Verfügbarkeit des Kupfers aus verschiedenen Futtermitteln und Ergänzungsstoffen kann große Unterschiede aufweisen, sodass der eigentliche Kupferbedarf schwer zu definieren ist. Er kann sich je nach Quelle des Kupfers im Futter und im Anteil anderer Inhaltsstoffe/Nährstoffe/andere Mineralstoffe um bis zum Siebenfachen unterscheiden[37].

Im Gegensatz zu einem Kupfermangel stellt ein Kupferüberschuss bei Hunden mit ansonsten normalem Stoffwechsel in der Praxis kein Problem dar, kann aber die Verwertung von Eisen und Zink beeinflussen.

Mangan

Mangan ist für die meisten Lebewesen ein essenzielles Element und Bestandteil verschiedener Enzyme. Mangan wird vom Hund über den Dünndarm aufgenommen und vor allem in Leber, Knochen, Nieren und der Bauchspeicheldrüse gespeichert. Im Zellinneren befindet sich das Element vor allem in Mitochondrien, Lysosomen und im Zellkern. Im Gehirn liegt Mangan an spezielle Proteine gebunden vor, hauptsächlich in bestimmten Gliazellen, also den Stütz- und Versorgungszellen des Nervensystems.

Manganmangel ist selten. Bei Mangel treten Skelettveränderungen, neurologische Störungen, Defekte im Kohlenhydrat-Stoffwechsel sowie Wachstums- und Fruchtbarkeitsstörungen auf. In der Hundepraxis sind Manganmangel und Überschuss von geringer praktischer Relevanz.

Jod

Jod ist lebensnotwendig für den Organismus, unter anderem für Wachstumsprozesse, die Entwicklung des Nervensystems und damit des Gehirns. Über die Schilddrüse und deren Hormone reguliert Jod den Stoffwechsel und das Herzkreislaufsystem. Das Jod aus der Nahrung wird als Bestandteil in die Schilddrüsenhormone Thyroxin (T4) und Trijodthyronin (T3) eingebaut.

Sowohl ein Jodmangel als auch ein Überschuss führen auf Dauer zu Veränderungen der Schilddrüse und ihrer Funktion. Ein Jodmangel führt etwa zu einer vergrößerten Schilddrüse. Diese Veränderung des Organs ist meist ungefährlich und harmlos. Der andauernde Jodmangel kann jedoch zu anderen schwerwiegenderen Erkrankungen führen. Die langfristig erhöhte Aufnahme von Jod, kann ebenfalls Probleme verursachen. Mehrere Ergebnisse beim Menschen deuten darauf hin, dass eine rasch und dann anhaltend erhöhte Aufnahme insbesondere nach einem längeren Jodmangel problematisch ist.

Eine dauerhaft erhöhte Jodzufuhr hat in Studien oftmals zu subklinischen Schilddrüsenunterfunktionen geführt, das heißt die Probanden haben keine Symptome der Krankheit gezeigt. Die Studien wurden aber in der Regel dort durchgeführt, wo aufgrund von Jod-Konzentrationen im Wasser oder der typischen Ernährung sowieso eine hohe Menge an Jod zu sich genommen wird.

Bei Hunden kommt es häufiger zu einer Schilddrüsenunterfunktion als -überfunktion. Die Entstehung dieser Erkrankungen ist nur ungenügend erforscht, kann aber auch mit Jod-Imbalancen einhergehen[55]. Tabelle 2 führt auch Anzeichen für Mangel und Überschuss auf.

Bei BARF-Rationen werden häufig Kopf- und Kehlfleisch inklusive Trachea (Luftröhre) gefüttert. Diese Futtermittel können Schilddrüsengewebe enthalten, sodass es zu einem Hyperthyreoidismus aufgrund der exzessiven Aufnahme von Schilddrüsenhormonen kommen kann. Das Schilddrüsenhormon T4 ist sehr gut geeignet, um einen nutritiven Hyperthyreoidismus (Überfunktion der Schilddrüse) feststellen zu können. Bei den meisten Hunden kommt es nach Diagnosestellung und dem Wechsel von einer BARF-Ration auf eine kommerzielle Diät zu einer Normalisierung der Hormonaktivitäten. Auch die klinischen Symptome, falls vorhanden, sind bei den meisten Hunden reversibel[56].

Selen

Selen spielt u.a. eine wichtige Rolle als Antioxidans (Stabilisierung der Zellalterung), im Immunsystem, bei der Produktion von Schilddrüsenhormonen sowie bei der Bildung von Spermien. Weiterhin spielt Selen eine bedeutende Rolle im Kohlenhydratstoffwechsel, da es an der Insulinübertragung zwischen den Zellen entscheidend beteiligt ist. Selen nimmt wie kaum ein anderes Spurenelement eine umstrittene Sonderstellung ein: Es fordert bezüglich seines Bedarfs zu einer Gratwanderung zwischen lebensnotwendiger Menge und toxischer Dosis auf. Die ca. 500 Jahre alte Erkenntnis von Paracelsus »Die Dosis macht das Gift« ist besonders für Selen charakteristisch.

Überdosierungen können zu neurologischen Störungen, Müdigkeit, Gelenkschmerzen, Übelkeit und Durchfall führen. Die Verwertung des Selens im Organismus ist noch nicht vollständig geklärt und wird in der Literatur sehr widersprüchlich diskutiert. Die Aufnahme und Resorption von Selen – diesbezüglich herrscht Einigkeit – erfolgt im Gegensatz zu anderen Spurenelementen unabhängig von der Selenkonzentration in der Nahrung und ohne homöostatische Kontrolle. Es existieren keine Kontrollsysteme, die einen Überschuss an Selen verhindern könnten.

6.

Biologisch – artgerechte ROHFÜTTERUNG

Alles roh – BARF

BARF oder Barf steht für »biologically appropriate raw food« oder »bones and raw foods«, eingedeutscht auch »biologisch artgerechtes rohes Futter«. Liest man sich durch die sozialen Netzwerke oder auch diverse Hundeforen, fühlt man sich schnell als sehr schlechter Hundehalter, weil man eigentlich alles nur falsch machen kann. Andere hingegen fühlen sich als die besseren Hundehalter, weil sie die einzig wahre Form der Fütterung praktizieren, und das ist wahlweise – je nach Überzeugung des Halters – die Rohfütterung, das Kochen für den Hund oder auch das Fertigfutter einer bestimmten Marke. Die (für die Halter jeweils alternativlosen) Empfehlungen sind grenzenlos, ebenso wie die sich darum rankenden Philosophien – obwohl es Ideologie in vielen Fällen besser trifft, als Philosophie –, denn oft werden Diskussionen über die richtige Fütterung zu wahren Glaubenskämpfen. An dieser Stelle wundern wir uns dann regelmäßig, denn wir reden immer noch über Tiere, die sich dem Menschen als lebende Biotonnen angeschlossen haben, und die ihr eigenes Erbrochenes fressen ...

Festzuhalten bleibt an dieser Stelle zunächst, dass eine tatsächlich für diesen individuellen Hund bedarfsdeckende Ration wichtiger ist als die Art und Weise der Zubereitung und der Präsentation. Anders ausgedrückt, kann man einen Hund roh krank und fertig gesund füttern – oder eben auch andersherum.

Aber für viele Halter ist offenbar eine »natürliche« Ration automatisch auch die bessere, was allerdings ein Trugschluss ist. Denn die bessere Ration ist stets die, die den Bedarf des Hundes deckt.

Natürlich sollte man bei der Wahl der passenden Fütterung auch auf die individuellen Vorlieben des Hundes Rücksicht nehmen, denn was bringt das beste Futter, wenn Hund es nicht mag? Immer wieder stolpert man in Foren über die Frage, wie man einem Hund rohes Fleisch schmackhaft macht, der es nicht mag. Die Antwort: Gar nicht! Uns zwingt ja zum Glück auch niemand, täglich Kuttel- oder für die Nicht-Schwaben Pansen-Suppe zu essen ...

Da Fressen und eine gesicherte Ernährungslage auch für den Hund viel mit Lebensqualität zu tun haben (zumindest mit der des Beagles und des Labradors), ist eine gute Akzeptanz ein durchaus wichtiger Punkt bei der Wahl des Futters. Und auch hier sind Hunde individuell: Während der eine Hund nichts lieber frisst als Schlachtabfälle, wird der nächste sie nur mit spitzen Zähnen anpacken, und während Fiffi für das Fertigfutter der Marke XY alles stehen und liegen lässt, wird Bello unter Umständen Reißaus nehmen.

Aber auch die Vorlieben des Halters dürfen auf jeden Fall eine Rolle spielen: Den Pansen auf dem Küchentisch zu zerlegen, ist nun mal nicht jedermanns Sache oder nicht ohne Weiteres möglich. Ich bin z.B. fast jedes Wochenende mit den Hunden auf 8 m^2 Wohnmobil unterwegs, da wäre der frische Pansen ein logistisches, aber sicher auch olfaktorisches Problem ...

Bei der oben angesprochenen Notwendigkeit der Bedarfsdeckung spielen natürlich viele verschiedene Faktoren mit rein, zum Beispiel Erkrankungen (einen Hund mit einer Pankreatitis oder einem Nierenproblem, füttert man anders, als einen gesunden), die Haltungsform (ein Hund, der ganzjährig draußen lebt, hat einen ganz anderen Energiebedarf zur Aufrechterhaltung seiner Körpertemperatur, als einer der nur in klimatisierten Räumen lebt), oder natürlich auch das Alter und zum Beispiel, ob eine Hündin tragend ist oder Welpen mit zu versorgen hat.

Wir bleiben dabei, dass wir Haltern, denen es zu viel Aufwand ist, sich wirklich grundlegend mit Fragen der Ernährung auseinanderzusetzen, lieber ein bedarfsdeckendes, gutes Fertigfutter empfehlen, als sie eine halbherzig und unpassend selbst zusammengestellte Ration füttern zu lassen! Wer sich allerdings gut informiert und eine Ration für seinen Hund berechnen lässt (Fachtierärzte für Tierernährung bieten das an), kann den Hund aber natürlich auch problemlos bedarfsdeckend roh füttern oder für ihn kochen.

6.1. »Ich barfe, dann weiß ich, was mein Hund bekommt!«

Dieser Aussage kann man nur sehr bedingt zustimmen, und zwar dann, wenn neben der Bedarfsdeckung auch sichergestellt ist, dass der Hund hochwertige Inhaltsstoffe bekommt. Damit ist nicht gemeint, dass man Hunden Filetsteaks füttern sollte, denn das wäre am Tierschutz vorbei gefüttert, aber man sollte darauf achten, dass man tatsächlich weiß, was enthalten ist. Ich muss nämlich schmunzeln, wenn mir das von Menschen als Argument genannt wird, die ihrem Hund »fertig gewolfte Barfpampe« füttern – denn auch einer Tierärztin ist es ohne histologische Untersuchung nicht möglich zu sagen, was in solchen Mixen enthalten ist. Erfahrungsgemäß ist aber sehr oft überdurchschnittlich viel Kopf- und Schlundfleisch (das steht nicht auf dem Ernährungsplan des Menschen und ist

Möchte man eine bedarfsdeckende Ration für den Hund selbst zusammenstellen, braucht man viel Fachkenntnis.

somit übrig) enthalten, was durch einen hohen Gehalt aktiver Hormone zu Problemen mit der Schilddrüse führen kann. So viele Schilddrüsenüberfunktionen, die normalerweise beim Hund, wenn kein Tumor vorliegt, gar nicht existieren, wie seit der Zeit, in der das Barfen Mode wurde, haben Kollegen noch nie gesehen. Und diese ziehen unter Umständen neben körperlichen Problemen auch durchaus Verhaltensprobleme, wie zum Beispiel Hyperaktivität, nach sich.

Und dass die Hersteller von Barf-Fleisch im Gegensatz zu Herstellern von Fertigfutter nicht das verwenden, was sowieso übrig bleibt, weil der Mensch keinen Bedarf daran hat, ist wohl ein reines Wunschdenken. Allerdings spricht auch nichts dagegen, einem Hund Schlachtabfälle bzw. das, was der Mensch übrig lässt, zu füttern – ganz im Gegenteil, denn der Tierschutz sollte keinesfalls beim eigenen Hund aufhören! Und etwas paradox mutet teilweise auch an, dass wir dieselben Schlachtabfälle, die wir im Futter als Müll bezeichnen, für teuer Geld als getrocknete Kauartikel kaufen – Rinderohren möglichst naturbelassen mit Haaren dran, Lunge, Euter, Hühnerfüße etc.

Wer hingegen den ganzen Muskelstrang, das ganze Herz oder die ganze Lunge füttert, kann tatsächlich sagen, was im Futter seines Hundes landet und ist auf der sicheren Seite.

6.2. Über- und Unterversorgung

Dass die Rationsberechnung unverzichtbar ist, zeigt zum Beispiel eine Analyse von Dillitzer et al.[55], die die berechneten Rationen von 95 Hundebesitzern überprüfte: 60 % der Rationen wiesen schwerwiegende Mängel in der Zusammensetzung auf, bei 40 % bestanden weniger schwerwiegende Mängel (hier war z. B. eine exzessive Calciumzufuhr das Problem) oder sie waren »gerade mal so« bedarfsdeckend. 10 % der überprüften Rationen wiesen um 25 % zu wenig Calcium auf, außerdem betrug das Calcium-Phosphor-Verhältnis zum Teil weniger als 0,6:1 und die Vitamin-D-Zufuhr war auch ungenügend. Weitere Probleme waren eine

Barfen kann, richtig gemacht, eine gute Sache sein.

Jod-Mangelversorgung bei etwa der Hälfte der Rationen, und eine mangelhafte Versorgung mit Vitamin A bei etwa 50 % der überprüften Rationen. Weiter waren Zink und Kupfer in zu geringer Menge enthalten. Ähnliche Ergebnisse brachte auch eine Überprüfung an der veterinärmedizinischen Universität in Wien von Handl et al.[57].

Ein weiteres Problem sind die sogenannten »Fertigbarfmenüs«, die als Alleinfuttermittel deklariert sind, und trotzdem oft nicht die Kriterien für ein Alleinfuttermittel erfüllen. Denn ein Alleinfuttermittel zeichnet sich eigentlich dadurch aus, dass alles enthalten ist, was der Hund für ein gesundes Leben braucht. Wendel et al.[58] fanden aber bei fünf von sechs untersuchten kommerziellen Barf-Menüs ein unpassendes Calcium-Phosphor-Verhältnis, sodass die Deklaration als Alleinfuttermittel nicht korrekt ist.

Ein ernährungsbedingter Mangel zeigt sich bei erwachsenen Hunden ca. 18–24 Monate nach Umstellung von kommerziellem Futter auf Barf und äußert sich beispielsweise in Fellproblemen. Durch inadäquate Barf-Rationen bei Welpen verursachte Skelettprobleme können sich hingegen bereits innerhalb sehr kurzer Zeit klinisch manifestieren. Und da quasi alle Inhaltsstoffe auch für die Synthese von Enzymen für bestimmte Stoffwechselwege fungieren oder als Baustein von Hormonen und Botenstoffen dienen, hinterlässt eine unausgewogene Ration eben auch Spuren im Verhalten.

6.3. Ernährungsbedingte Mängel nachweisen?

Regelmäßig liest und hört man die stets im Brustton der Überzeugung vorgebrachte Aussage, dass der Hund keine Mängel haben könne, weil man ja schließlich regelmäßig ein

»Blutbild« machen lasse. Dazu sei angemerkt, dass ein Blutbild lediglich die zellulären Blutbestandteile abbildet. Gemeint ist meistens ein Organprofil, das einen Überblick über die verschiedenen Organsysteme darstellt. Aber auch das hat keine Aussagekraft bezüglich ernährungsbedingter Mängel. Dazu kommt, dass Blutwerte stets Schwankungen unterliegen und viele Nährstoffe auch z.B. in der Leber oder dem Skelett gespeichert werden, sodass der Blutwert hier keinerlei Aussagekraft hat.

6.4. Barf-Profil?

Inzwischen bieten findige Labore auch sogenannte Barf-Profile an, die Nährstoffimbalancen nachweisen sollen. In der Regel enthalten sie Calcium, Phosphor, Kupfer, Zink, Jod, Thyroxin (T4) und Vitamin A und D. Aber auch hier ist die Aussagekraft vieler Parameter fraglich: So wird z.B. Calcium, bei dem eine ausreichende Versorgung überlebensnotwendig ist, bei geringer Verfügbarkeit aus dem Knochen mobilisiert – was zur Folge hat, dass sich der Blutspiegel, der oberste Priorität hat, noch im Normbereich befindet, während das Skelett bereits die Grätsche macht, da es nicht mehr genug funktionelles Calcium erhält.

Eine Phosphatbestimmung ist hingegen meist überflüssig, da gerade Barf-Rationen einen hohen Fleisch- und damit Phosphatgehalt aufweisen. Kupfer ließe sich nur durch eine Leberbiopsie bestimmen, da es in der Leber gespeichert wird, und auch die Aussagekraft der Zinkwerte im Barfprofil ist fragwürdig, da Zink im Knochen gespeichert wird und die Blutwerte nur nach der Fütterung kurzfristig ansteigen. Auch bezüglich des Vitamin A ist die Aussageraft zweifelhaft.

Anders beim Vitamin D und bei der Jodversorgung – beides lässt sich einigermaßen sicher im Blut bestimmen, auch wenn die Jodkonzentration im Harn genaueren Aufschluss bringt. Auch der Thyroxin-Wert lässt sich im Blut messen. Ein Barf-Profil kann also keine ernährungsbedingten Mängel aufdecken, wohingegen eine Rationsberechnung fütterungsbedingte Imbalancen viel früher aufzeigt, nämlich bevor sie körperliche Spuren hinterlassen. Und auch an dieser Stelle sei erwähnt, dass der Hund natürlich nicht täglich aufs Milligramm genau versorgt werden muss, dass aber eine langfristig ausgewogene Ernährung mit die wichtigste Gesundheitsprophylaxe ist.

6.5. Vorteile des Barfens

Ein Vorteil des Barfens (oder anderweitig selbst zusammengestellter Rationen) ist natürlich die Möglichkeit, die Ration individuell passend zusammenzustellen, was sowohl für die Diätetik bei Erkrankungen wie Leber- oder Nierenproblemen, Adipositas (Fettleibigkeit) oder Futtermittelallergien als auch bei der Verhaltensbeeinflussung durch die Fütterung ein großer Vorteil ist. Allerdings muss man dazu sagen, dass man in der Regel auch problemlos ein passendes Fertigfutter findet. In Tabelle 3 werden die Vor- und Nachteile von Barf-Rationen wiedergegeben, wie sie in einem Übersichtsartikel von Vervuert & Rückert im Jahr 2017 angegeben wurden[56].

Die häufig vorgebrachten Vorteile wie eine bessere Zahngesundheit, schöneres Fell, ein besseres Immunsystem oder die bessere Resistenz gegen Parasiten konnten allerdings in keiner Studie bestätigt werden.

Vorteile
• Kenntnis der Einzelkomponenten (Ausnahme: kommerzielle Produkte)
• längere Fresszeiten (Ausnahme: gewolfte Produkte)
• Zahngesundheit bei Knochenfütterung
• Reduktion der Kotmenge und verbesserte Kotkonsistenz
Nachteile
• Nährstoffimbalancen *Proteinüberversorgung* *Über- und Unterversorgung mit Mengen- und Spurenelementen* *Über- und Unterversorgung mit Vitaminen*
• Übertragung von Krankeitserregern: *Bakterien, z.B. Salmonellen* *Viren, z.B. Aujetzki* *Parasiten, z.B. Sarcocystis spp.*
• Obstipationen durch Knochenfütterung
• Hyperthyreoidismus durch die Aufnahme von Schilddrüsengewebe bei der Schlundfütterung
• Aufnahme von antinutritiven Faktoren, z.B. Thiaminasen in rohem Fleisch

Tabelle 3: Vor- und Nachteile von Barf-Rationen.

6.6. Macht rohes Fleisch, vor allem rotes Fleisch aggressiv?

»Der Verzehr von rotem Fleisch erhöht und fördert die Aggression und Aggressionsbereitschaft beim Menschen, unabhängig von Menge und Zubereitung des Grundstoffes.« Man muss nur mal suchen via Google mit den Stichworten »Adrenalin, Aggression, Ernährung (Nutrition)« im Internet, das ergibt mindestens eine Woche Lesestoff zu diesem Thema. Behauptungen wie »angeblich lassen Footballtrainer ihre Sportler vor dem Spiel rohes Fleisch essen, um sie aggressiver zu machen«, halten die Gerüchteküche am Brodeln. In der Hundeszene verhält es sich nicht anders.

Aber der Reihe nach. Inwiefern unterscheidet sich weißes Fleisch von rotem? Wieso kann Fleisch überhaupt zwei verschiedene Farben annehmen – und gibt es Unterschiede bezüglich der Nährwerte? Wenn ja, können die Unterschiede Einfluss auf das Verhalten haben?

Wovon hängt die Farbe ab? Die Farbe des Fleischs ist abhängig von Myoglobin, einem Muskelprotein, durch das Tiere Sauerstoff in der Muskelzelle speichern können. Die Farbe entwickelt sich also nach der Menge dieser Muskelproteine: Rotes Fleisch enthält deutlich mehr Myoglobine als weißes Fleisch. Erhöhte Mengen an Myoglobinen konzentrieren sich vor allem in den Muskeln solcher Tiere, die körperlich größere Anstrengungen bewältigen. Hühnerfleisch ist beispielsweise sehr hell im Vergleich zu Rind- oder Pferdefleisch, die ihre Muskulatur weitaus stärker beanspruchen als Hühner. Darüber hinaus verändert sich die Farbe auch mit der Zeit: je älter die Tiere sind, desto mehr Muskelproteine besitzen sie.

Weißes und rotes Fleisch – die grobe Unterteilung. Fleisch kann also je nach Farbe in zwei Gruppen unterteilt werden: Im Bereich des roten Fleisches finden wir Rind-, Pferde-, Schweine-, Schaf- und Ziegenfleisch. Hingegen gehören Geflügel, Lamm-, Zicklein-, Hasen- aber auch Kalbfleisch zur weißen Kategorie.

Nährstoffe: Was die Proteine anbelangt, unterscheiden sich rotes und weißes Fleisch kaum: In 100 g von sowohl weißem als auch rotem Fleisch sind ungefähr 20 g Proteine enthalten. Der Unterschied liegt einzig und allein im Fett- und Mineralstoffgehalt, denn weißes Fleisch ist magerer als rotes Fleisch, das mehr gesättigte Fettsäuren, Cholesterin und damit auch Kalorien aufweist. Beide Sorten enthalten im Prinzip den optimalen Anteil an essenziellen Aminosäuren, die für einen funktionierenden Organismus unerlässlich sind. Wer gehofft hat, dass der Gehalt an Tryptophan als Vorstufe des »Glückshormons« Serotonin in rotem und weißem Fleische relevant verschieden sein könnte, muss enttäuscht sein: Im Rind findet man 300 Milligramm pro 100 g und das Hühnchen enthält 280 Milligramm Tryptophan pro 100 Gramm. Und wenn, theoretisch könnte sich ja auch ein zu hoher Serotonin-Spiegel einstellen, vielleicht nicht im ganzen Körper, aber im Gehirn. Bei solchen Vorkommnissen wurde beim Menschen verstärkte Nervosität, Unruhe, Ängstlichkeit und Ruhelosigkeit beobachtet.

Macht rotes Fleisch Hunde aggressiv? Dafür gibt es keinen wissenschaftlichen Beleg. Aus der Sicht des Nährstoffgehaltes des jeweiligen Fleischs gibt es keinen Anhaltspunkt, der diese These unterstützen könnte. Aus verhaltensbiologischer Sicht gibt es ebenfalls keine Gründe, die dafür sprechen. Die allermeisten Hunde können die Verknüpfung »jagdbare Beute« gleich »fressbare Nahrung« gar nicht herstellen. Selbst erfolgreiche »Jäger« werden oft die gefangenen Beutetiere nicht aufbrechen und fressen.

Und es geht schon wieder los! In jüngerer Zeit schiebt sich unter dem Schirm des »Du bist, was Du isst!«-Hypes die noch junge Wissenschaftssparte »Nutrigenomik« in unser Blickfeld. Es wird leidenschaftlich diskutiert: Vielleicht stecken die Unterschiede im Genom oder Epigenom des Fleischtyps, vielleicht ist das Fleisch in der Lage, Emotionen zu vermitteln ...? Es muss resümiert werden, dass es zurzeit keinerlei belastbare wissenschaftliche Daten für Mensch und Hund gibt, die diese zugegeben attraktive Hypothese unterstützen könnte. Aber wie heißt es so schön: »Sag niemals nie!«

6.7. Risiken der Rohfütterung

Auch wenn viele roh-fütternde Halter das nicht gerne hören, muss an dieser Stelle auf das Risiko von Infektionen eingegangen werden.

So gibt es zum Beispiel zur Infektion mit Salmonellen bei roh gefütterten Hunden verschiedene Untersuchungen. Die Studie von Joffe und Schlesinger[59] etwa ergab, dass 80 % der untersuchten kommerziellen Barf-Produkte mit Salmonellen belastet waren, und dass 30 % der damit gefütterten Hunde zu Salmonellen-Ausscheidern wurden. Auch Finley et al.[60] fanden in 21 % der untersuchten kommerziellen BARF-Produkte Salmonellen. Erschwerend hinzu kommt, dass der überwiegende Teil der isolierten Erreger zum Teil multiple Resistenzen gegen Antibiotika aufwies.

Auch andere Keime können Hunde über rohes Fleisch infizieren. Sicherlich ist das für einen immunkompetenten Hund in den meisten Fällen kein Problem und die Infektion verläuft klinisch symptomlos, aber bei noch nicht allzu immunkompetenten Welpen sieht das ganz anders aus. Darauf, was ein roh gefütterter und dadurch Salmonellen-ausscheidender Hund für immunsupprimierte Halter oder Besuchsdienste im Altenheim (»Gib der Oma mal ein Bussi«) bedeutet, muss hier hoffentlich nicht näher eingegangen werden. Die Gefahr, dass sich die Tiere und Menschen über rohes Futter mit pathogenen Bakterien, wie z.B. *Escherichia coli, Yersinia enterocolitica* und *Campylobacter* – oder auch Clostridienstämme infizieren, ist durchaus gegeben. Studien zeigten auch, dass roh gefütterte Hunde signifikant häufiger an Gastroenteritiden (Magen-Darm-Entzündungen) leiden. Nur 10 % der asymptomatischen Hunde, aber 48 % der an Durchfall erkrankten Hunde wurden mit rohem Fleisch ernährt.

Ein weiteres Problem stellt die Tatsache dar, dass sich zunehmend auch multiresistente Keime im Fleisch (vor allem im Huhn) finden, wie unterschiedliche Untersuchungen ergaben.

Auch Viren können durch die Rohfütterung übertragen werden – das bekannteste Beispiel ist hier wohl die für Hunde und Katzen tödliche Aujeszky'sche Krankheit (Pseudowut), an der durch die Fütterung von rohem Schweinefleisch und darin enthaltenen Herpesviren auch Hunde erkranken. Nicht zuletzt sollen an dieser Stelle auch infektiöse Zysten verschiedener Parasiten, die durch die Rohfütterung übertragbar sind, wie zu Beispiel *Neospora caninum* oder *Toxoplasma gondii*, Erwähnung finden.

Auch die Überversorgung mit Protein, die durch die aus ideologischen Gründen häufig Kohlenhydrat-freie Rohfütterung oft gegeben ist, kann zu Problemen führen: Nach Jürgen Zentek werden die Leber und die Nieren durch hohe Proteingehalte zusätzlich belastet, weswegen sich bei gebarften Hunden nicht selten zu hohe Harnstoffgehalte in Blut und Harn finden lassen. Auch kann ein zu hoher Gehalt an Fleisch mit einer zu geringen Verdaulichkeit (z.B. zu bindegewebshaltig) und einer ungünstigen Aminosäuren-Zusammensetzung zu Dysbiosen im Darm und einer erhöhten Durchfallneigung führen.

Auch interessant ist eine Untersuchung von Alenza et al.[61], die einen signifikanten Zusammenhang zwischen der Fütterung und dem Auftreten von Mammatumoren herstellt. So zeigte sich eine erhöhte Prävalenz von Mammatumoren bei Tieren, die im ersten Lebensjahr sowie ein Jahr vor der Diagnosestellung übergewichtig waren. Weiter stellten sie fest, dass selbstgekochtes Futter im Vergleich zu kommerziellen Futtermitteln die Prävalenz (Kennzahl für die Krankheitshäufigkeit) von Mammatumoren ebenfalls erhöhte. Als weitere Risikofaktoren befanden sie einen hohen Anteil von Rind- oder Schweinefleisch in den Futterrationen bzw. einen zu niedrigen Anteil an Geflügelfleisch. Nicht zuletzt ist auch bei unseren Artgenossen bekannt, dass ein hoher Fleischkonsum das Risiko für verschiedene Tumorarten erhöht bzw. dass Menschen, die sich fleischfrei ernähren, seltener an Krebs erkranken.

Auf das Problem der Überversorgung mit Jod und aktiven Schilddrüsenhormonen durch die Fütterung von Schlund-Fleisch wurde und wird an anderer Stelle eingegangen.

6.8. Ein paar Worte zur Knochenfütterung

Es gab Zeiten, da kamen meine Hunde regelmäßig in den Genuss roher Knochen, da diese ja laut Internet kein Problem darstellen. Die Erfahrungen aus der Praxis zeigen allerdings anderes: neben dem Knochenkot, der für Hund wie Tierarzt extrem unangenehm ist (zumindest, wenn man ihn in der Früh um Sieben auf nüchternen Magen lösen muss), spielen auch Knochenteile, die die Speiseröhre oder den Magen verlegen oder gar perforieren, eine zunehmende Rolle. Eine Erhebung an 44 Hunden zeigte, dass 88,6 % der gefundenen Fremdkörper in der Speiseröhre von Hunde-Knochen oder Knochenteile waren. Auch für die Zähne können Knochen problematisch werden, da sie zu Zahnfrakturen führen können. Eine Studie, die die Gebisse von Wölfen, afrikanischen Wildhunden und Raubkatzen untersuchte, zeigt, dass hiervon hauptsächlich die Canini betroffen waren. Da Knochen einen hohen Calcium-Gehalt haben, führen sie bei regelmäßiger Fütterung schnell zu einem Ca-Überschuss, was beim Welpen Skelettprobleme nach sich ziehen kann. Der hohe Gehalt an Calcium und Phosphor kann zusätzlich die Entstehung von Blasensteinen fördern.

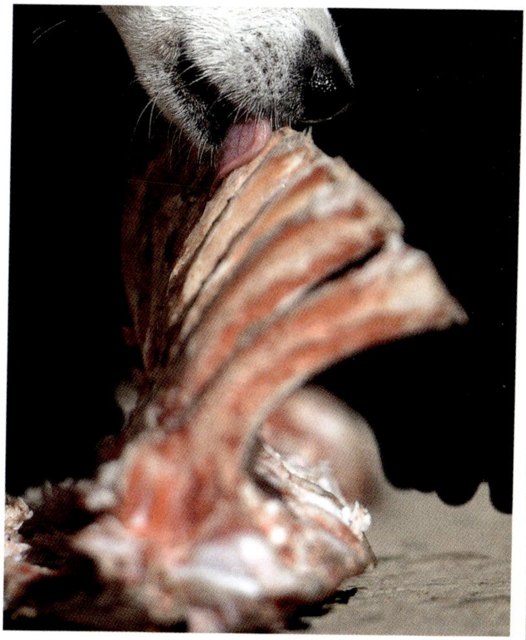
Vorsicht vor Knochen: sie können massive Probleme beim Hund verursachen!

Kurzum, ich persönlich bin nach den Erfahrungen aus der Praxis mit den Jahren dazu übergegangen, das Kaubedürfnis meiner Hunde mit Rinderkopfhaut und Ähnlichem zu befriedigen, weil mir die genannten Risiken einfach zu hoch sind.

Fazit: **BARF**

Es gibt nicht die ideale Fütterung für den Hund, weil es **den** Hund nicht gibt. Wer sich gut beraten lässt und die erwähnten Risiken beachtet und weiträumig umschifft, kann einen Hund durchaus mit einer selbst zusammengestellten, rohen (oder gekochten) Ration bedarfsdeckend und gesunderhaltend ernähren! Wem das zu viel Aufwand ist, sollte sich doch besser an ein gutes Fertigfutter halten, da die Risiken hier überschaubarer sind.

7.

Gib mir die Kugel! FERTIGFUTTER?

Wer sich anstelle der Rohfütterung für ein Fertigfutter entscheidet, ist auf der sicheren Seite, wenn er ein paar Grundlagen beachtet. Das beginnt bei der »Art des Futtermittels« und hier wird zwischen Alleinfuttermittel und Ergänzungsfuttermittel unterschieden. Wie es bereits der Name verrät, ist nur ein Alleinfuttermittel zur dauerhaften und alleinigen Ernährung von Hunden geeignet, ohne dass ein Mangel entsteht, denn darin muss alles enthalten sein, was der Hund braucht. Ergänzungsfuttermittel hingegen decken den Nährstoffbedarf nicht ab und müssen entsprechend, z.B. mit einem Mineralfutter, ergänzt werden.

Offene oder geschlossene Deklaration?

Gesetzlich ist es erlaubt, dass der Hersteller sich entscheidet, ob er alle Zutaten einzeln deklariert (offene Deklaration) oder ob er sie als Nährstoffgruppen zusammenfasst (geschlossene Deklaration). Im ersten Fall bedeutet das, dass in einem Futter, das Fleisch und Leber vom Lamm enthält, auf der Verpackung »Muskelfleisch und Lammleber« steht, bei der geschlossenen Deklaration findet man darauf »Fleisch und tierische Nebenerzeugnisse«. Über den Inhalt sagt das zunächst nichts aus.

Bei einer geschlossenen Deklaration kann man nur grob erkennen, dass die einzelnen Nährstoffgruppen in der Hundenahrung enthalten sind. Genaue Angaben über Rohstoffe oder die prozentuale Zusammensetzung des Hundefutters erfährt man hier nicht.

Wer wissen möchte, was genau er seinem Hund füttert, sollte auf jeden Fall auf ein Futter mit einer offenen Deklaration Wert legen.

Die analytischen Bestandteile. Unter den »analytischen Bestandteilen« eines Futters versteht man die prozentualen Anteile der Nährstoffgruppen, also Eiweiß (= Rohprotein), Fett (= Rohöle und -fette), Ballaststoffe (= Rohfaser) und Mineralstoffe (= Rohasche/Anorganische Stoffe). Nicht deklariert wird der Anteil an Kohlenhydraten, denn diese werden nicht per Analyse, sondern rein rechnerisch durch den Abzug aller anderen Rohnährstoffe von der Trockensubstanz bestimmt.

»Analytisch« werden die Bestandteile genannt, weil sie durch ein einheitliches Analyseverfahren, die Weender Analyse, ermittelt werden. Der Gehalt an Wasser muss nur angegeben werden, wenn er über 14 % liegt, da erst dann die Gefahr der Verderbnis besteht. Bei Dosenfutter findet man daher immer eine Angabe zum Feuchtigkeitsgehalt, bei Trockenfutter nicht.

Die Zusammensetzung. Die »Zusammensetzung« ist quasi die Zutatenliste, in der sich die verwendeten Einzelfuttermittel in absteigender Reihenfolge ihrer Gewichtsanteile finden. An erster Stelle steht die Zutat, die am meisten enthalten ist.

Neben den einzelnen Zutaten müssen auch die »verwendeten Zusatzstoffe« deklariert werden. Der Hersteller muss Namen und/oder E-Nummer des Zusatzstoffes sowie die entsprechende Gruppenbezeichnung und die zugesetzte Menge angeben. Unterteilt werden Zusatzstoffe (Vitamine, Spurenelemente und Aminosäuren – keine Mineralstoffe!), technologischen Zusatzstoffe (Konservierungsmittel, Antioxidantien, Bindemittel etc.) und die sensorischen Zusatzstoffe (Farb- und Aromastoffe).

Augen auf beim Fertigfutter-Kauf.

Auch ein gutes Fertigfutter hat seinen Platz in der Hundeernährung. Hier gilt es genau auf die Inhaltsstoffe und die Zusammensetzung zu achten.

Fazit: **Fertigfutter**

Wer sich nicht die Mühe machen möchte, die Ration für den Vierbeiner berechnen zu lassen, ist mit einem Fertigfutter sicher besser beraten, wenn er auf ein Alleinfuttermittel mit offener Deklaration und hochwertigen Inhaltsstoffe achtet. Dass ein Futter den Bedarf eines Hundes deckt, sollte das wichtigste Kriterium sein, allerdings gibt es daneben natürlich noch ganz viele andere Punkte, die bei der Auswahl eines Futters eine Rolle spielen können und sollten, wie z.B. die individuelle Vorliebe des Hundes, »Tierwohl« für die enthaltenen Futtertiere, Regionalität, Nachhaltigkeit, Verpackungsmüll etc. Ein möglicher Nachteil gegenüber einer kompetent selbst zusammengestellten Ration ist sicherlich, dass man nicht ganz so individuell das Futter an bestimmte Probleme, seien sie medizinischer oder reiner Verhaltensnatur, anpassen kann. Allerdings ist der Futtermittelmarkt in den letzten Jahren explodiert, sodass sich das passende Futter für so ziemlich jeden Anspruch finden lässt.

8.

Fressen im Wandel der Zeit – Bedürfnisse in bestimmten LEBENSPHASEN

8.1.

Die wilde Jugend: Welpen/Junghunde

Beim Welpen werden in vielen Belangen die Grundsteine für ein möglichst gesundes und stressfreies Leben gelegt. Das gilt auch für die Ernährung. Welpen haben natürlich einen ganz anderen Bedarf als ausgewachsene Hunde. Sie brauchen ja ausreichend Energie, um unsere Schuhe zu zerstören, aber auch, um in angemessenem Tempo zu wachsen und ein gesundes Skelett zu entwickeln. Eine adäquate Fütterung von Welpen ist also eine Investition in die Zukunft!

8.2.

Wachstum

Wachstum ist die Zunahme der Körpermasse in der Jugendentwicklung, also sowohl die Knochen- als auch die Muskelmasse. Bestimmt wird es durch innere Faktoren wie Epigenetik, Genetik oder Geschlecht, aber auch durch äußere Faktoren wie Klima, Krankheit und natürlich die Ernährung. Die Hauptwachstumsphase von jungen Hunden findet vor allem bis zum 6. oder 8. Lebensmonat statt, auch abhängig von der Rasse. In dieser Zeit legt der Hund stark an Körpermasse zu. Auch wenn die Endgröße genetisch fixiert ist, spielen äußere Faktoren eine Rolle, und ein Hund, der unter ungünstigen Bedingungen ins Leben startet (Infektionen, Haltung, Ernährung), wird wesentlich langsamer wachsen.

Hunde jagen nicht, weil sie Hunger haben.

Damit der Hund aber sein volles Wachstumspotenzial ausschöpfen kann, müssen die dafür benötigte Energie und die notwendigen Nährstoffe mit dem Futter gestellt und aufgenommen werden. Kommt es hier zu Imbalancen in der Ration, hat das gravierende Folgen auf das Wachstum und damit auf die Gesundheit und das gesamte Hundeleben. Bei einer Überversorgung kommt es zu einem zu schnellen Wachstum mit den damit verbundenen Problemen für den Bewegungsapparat, wohingegen bei einer Minderversorgung das Wachstumspotenzial nicht komplett ausgeschöpft werden kann.

Gerade bei Hunden und ihrer enormen Größen- und Rassenvielfalt gibt es Unterschiede bezüglich des Energiebedarfs, weswegen es so wichtig ist, die Fütterung auf den individuellen Bedarf anzupassen. Einfluss auf die Endgröße hat aber zum Beispiel auch der hormonelle Zustand eines Hundes – so ist bekannt, dass sich beim Frühkastraten die Wachstumsfugen später schließen, da das Längenwachstum normalerweise durch das Anfluten der Sexualhormone in der Pubertät beendet wird. Apropos Pubertät: Die Ernährung bzw. der Ernährungszustand spielt auch eine wichtige Rolle für den Zeitpunkt des Eintritts in die Pubertät, denn nur, wenn ausreichend Fettzellen vorhanden sind, die Leptine (Hormone aus den Fettzellen) freisetzen, macht ein so kräftezehrender Prozess wie die Pubertät überhaupt Sinn, denn Ziel ist ja eine Trächtigkeit bzw. die Weitergabe der eigenen Gene. Hat der Körper keine Fettreserven (»Babyspeck«), macht eine Trächtigkeit biologisch keinen Sinn, die hormonelle Lunte der Pubertät wird nicht gezündet und der Eintritt in die Pubertät verschiebt sich bei untergewichtigen Hunden oft deutlich nach hinten. Andersrum ist zumindest beim Menschen bekannt, dass eine zu proteinhaltige Kost den Eintritt in die Pubertät beschleunigt.

Der Großteil der Hunde hat mit vier Monaten ca. 50 % des Endgewichts erreicht. Bis zum Alter von etwa sechs bis neun Monaten setzt sich das schnelle Wachstum fort. Mit etwa einem Jahr ist dann nahezu das Gewicht des erwachsenen Hundes erreicht. Extrem großwüchsige Rassen, wie z.B. Doggen, wachsen aber bis zum Alter von ca. eineinhalb Jahren – sie erreichen erst mit zirka zwei Jahren ihr Endgewicht.

8.2.1.
Futterpräferenzen

Was der Bauer nicht kennt, frisst er nicht! Es sei denn, der Bauer ist ein Beagle oder ein Retriever. Dass manche Hunde alles, gerne und viel fressen, und andere wiederum selbst die leckersten Schmankerl nur mit spitzen Zähnen anpacken, hat nicht nur mit der Rasse oder der Genetik zu tun, sondern auch mit prägungsähnlichen Vorgängen, die bereits im Mutterleib beginnen.

Schon vor vielen Jahren wurde gezeigt, dass Hunde, die über die ersten sechs Lebensmonate eine spezielle Diät mit einem bestimmtem Geschmack und einer bestimmten Textur erhielten, danach keine neuartigen Futtermittel mehr anrührten, wohingegen Hunde die von klein an sehr vielfältig gefüttert wurden, auch später neuen Futtersorten und Geschmäckern gegenüber offen waren.

Aber auch bereits vorgeburtliche Einflüsse spielen eine Rolle, auch in Bezug auf spätere Nahrungspräferenzen ist der neugeborene Welpe also kein unbeschriebenes Blatt. In einer Untersuchung wurde die tragende Hündin in den letzten 20 Trächtigkeitstagen mit einer speziellen Diät, die in dem Fall Anis enthielt, was ja einen sehr charakteristischen Geschmack hat, gefüttert. Mit zehn Wochen hatten dann die Welpen freie Wahl zwischen einem Futter mit Anis und einem ohne – sie entschieden sich für das bereits aus dem Mutterleib bekannte Futter mit Anisgeschmack. Eine andere Gruppe erhielt das Futter ausschließlich postnatal, also die ersten 20 Tage nach der Geburt, eine dritte Gruppe wurde prä- und postnatal mit Anisgeschmack versorgt, bekam die spezielle Diät also vor und nach der Geburt. Die Kontrollgruppe wurde von Anis verschont.

Die perinatale Exposition (also vor- und nachgeburtlich) führte zu einer signifikant höheren Präferenz für das Anisfutter als die anderen Expositionsarten. Nach zehn Wochen gab es keine Hinweise darauf, dass das ausschließlich vorgeburtliche Kennenlernen von Anis als Präferenz erhalten blieb. Es wird vermutet, dass die Exposition gegenüber einem chemosensorischen Stimulus über die gesamte perinatale Periode zu einer größeren Wirkung führt, als nur die Summe der prä- und postnatalen Exposition. Hunde lernen also bereits im Mutterleib bestimmte Präferenzen für bestimmte Nahrungsmittel. Welpen, die im Mutterleib den Geschmack von Anis kennengelernt haben, entschieden sich übrigens bereits im Alter von 15 Minuten für Wasser mit Anisgeschmack, anstatt des puren Wassers oder den ebenfalls angebotenen Vanillegeschmack, wodurch die Möglichkeit ausgeschlossen wurde, dass eine postnatale Exposition die Präferenz beeinflusste. Die Präferenz war also jeweils spezifisch für den in der Gebärmutter erlebten Reiz.

Und wozu das Ganze? Ein solches System kann Überlebensvorteile bringen, indem es den Erwerb von Informationen über sichere Lebensmittel fördert. Rein biologisch gesehen ist das (wie viele andere vorgeburtliche Einflüsse) absolut sinnvoll, um in dem Lebensraum, in den man hineingeboren wird, gut und sicher über die Runden zu kommen. Die Fähigkeit von Hunden, in der pränatalen oder unmittelbar postnatalen Phase über chemosensorische Reize etwas über den zukünftigen Lebensraum und seine Nahrungsgrundlage zu lernen, kann bei der Beschaffung von Informationen über »sichere« Lebensmittel nach dem Absetzen von Vorteil sein. Oder anders ausgedrückt: Wer in ein Kaninchenparadies hineingeboren wird, tut gut daran, Kaninchen zu mögen, und wer am Meer aufwächst hat ein Problem, wenn er keinen Fisch mag.

Übrigens lässt sich das Phänomen der Futterprägung auch oft an »geretteten« Straßenhunden beobachten: So hieß mein »Dönertier«, das mit einem halben Jahr von der türkischen Straße auf die bayerische Couch übersiedelte, nicht umsonst »das Dönertier«. Sie hatte offenbar – wie viele ihrer halbwilden Artgenossen – eine eindeutige Präferenz für Essensabfälle und Dönergewürz; Hundefutter fand sie hingegen nur die ersten zwei Tage toll. Oder man denke an Günther Blochs Pizzahunde.

Die Quintessenz des Ganzen ist, dass es durchaus sinnvoll ist, wenn Hunde alle möglichen Futterquellen kennenlernen, um am Ende keinen mäkeligen Fresser zu erhalten. Denn bei einem gesunden Hund mag es vergleichsweise problemlos sein, wenn er nur ein bestimmtes Futter zu sich nimmt, aber wenn er eine Allergie entwickelt, aufgrund einer anderen Erkrankung eine spezielle Diät benötigt oder auch aus Verhaltensgründen das Futter umgestellt werden sollte, führt das schnell zu Problemen. Und wenn wir mal ganz ehrlich sind, ist das Leben mit einem verfressenen Hund in vielen Situation auch schlichtweg einfacher.

Dennoch bedeutet das in der Praxis nicht, dass man wild drauflos füttert, was der Kühlschrank gerade so hergibt, sondern dass man der Hündin und den Welpen ein bedarfsdeckendes »Hauptfutter« anbietet (ein qualitativ hochwertiges Alleinfuttermittel für tragende/laktierende Hündinnen oder eine berechnete Ration), aber sie eben links und rechts vom Napf auch anderes kennenlernen lässt. Dazu gehören Nass- und Trockenfutter mit verschiedenen Inhaltsstoffen, Rohfutter und auch Gekochtes. Kein Welpe stirbt, wenn er mal eine Kartoffel oder Nudel bekommt.

Dass ein Kennenlernen verschiedener Inhaltsstoffe sich auch positiv auf die Entstehung bzw. Nicht-Entstehung von Futtermittelallergien und -unverträglichkeiten auswirkt, ist nachgewiesen. Sowohl der Verdauungstrakt als auch das Immunsystem müssen lernen, sich mit verschiedenen Nahrungsbestandteilen auseinanderzusetzen, um sie später nicht als Feind zu erkennen. Abzulehnen sind in dem Zusammenhang auch Züchter, die im Kaufvertrag vereinbart haben, dass der Welpe roh gefüttert werden muss oder nur Futter der Marke XY bekommen darf – denn das ist nicht das, was den Welpen optimal auf sein weiteres Leben vorbereitet. Ideologien eines Züchters oder Halters haben in der Welpenaufzucht nichts verloren!

Dennoch versteht sich – wie immer – von selbst, dass man natürlich auf Futtermittel verzichtet, wenn der Welpe diese individuell nicht verträgt.

8.2.2.
Fütterung und Persönlichkeit

Die Art und Weise der Nahrungsaufnahme spielt auch eine Rolle in der Entwicklung von Hunden. Bray et al. fanden in einer Untersuchung an Labradoren und Golden Retrievern, die als Blindenhunde ausgebildet werden sollten, heraus, dass Mütter, die ihre Welpen im Stehen säugten, weniger ängstlich waren und später die besseren Blindenhunde abgaben[62].

Der Grund ist, dass Welpen, die im Stehen gesäugt werden, sich mehr für ihre Sättigung anstrengen und für die Milch »arbeiten« müssen; sie werden also von Anfang an »genötigt«, kleine Herausforderungen zu bewältigen, was ebenso wie der damit verbundene milde(!) Stress positive Auswirkungen auf die Persönlichkeit hat und sowohl das Immunsystem, als auch die Fähigkeit, ein Leben lang mit Stress und wechselnden Lebensbedingungen besser umgehen zu können, fördert.

Besonders in der Hauptwachstumsphase ist eine bedarfsdeckende Ernährung auch eine Investition in die Zukunft.

In diesem Zusammenhang ist auch zu erwähnen, dass das oft praktizierte Nachhelfen und Andocken ans Gesäuge durch Züchter eher kontraproduktiv für die Entwicklung ist. Wir reden hier natürlich nicht von Kümmerern, die alleine keine Chance haben, zu überleben, sondern von normalen gesunden Welpen. Auch hier ist nachgewiesen, dass der milde Stress, dem der Welpe ausgesetzt ist, wenn er mal leicht hungrig ist, oder wenn er sich mal zu weit von der Wärmequelle entfernt und friert, durchaus positive Auswirkungen auf die Entwicklung hat. Denn erstens wird auch dadurch das Immunsystem stimuliert und der Welpe lernt von Anfang an den Umgang mit Stress, aber er bekommt dadurch auch ganz wichtige Informationen über das Lernen – quasi ein postnatales Clickertraining. Denn der Welpe hat ein Bedürfnis (Wärme oder Sättigung) und muss aktiv werden. Wird er aktiv und kommt bei der Wärme- oder Milchquelle an – Click & Treat! Das sind die ersten Erfahrungen mit Lernen, die ein Welpe macht, und auch diese prägen ihn für sein weiteres Leben.

8.2.3. Gesunde Welpenaufzucht beginnt bereits in der Hündin

Bereits bei einer tragenden Hündin muss ab der 5. Trächtigkeitswoche das Futter auf eine bedarfsdeckende Ration umgestellt werden. Wichtig ist dabei ein hoher Energiegehalt und eine Erhöhung der Futtermenge. So sollten Hündinnen kleiner Rassen mit geringeren Wurfgrößen im Schnitt 30 % mehr Futter und Hündinnen großer Rassen mit großen Würfen ca. 50 % mehr Futter bekommen. Es ist darauf zu achten, dass das Futter ausreichend tierisches Protein enthält, um die Versorgung der Welpen mit essenziellen Aminosäuren, aber auch mit Energie und Nährstoffen, zu gewährleisten.

8.2.4. Der Absetzwelpe

Die Ansprüche an die Nahrung verändern sich bei Welpen und Junghunden natürlich stetig. Zunächst werden sie über die Mutter versorgt, besonders wichtig ist hier die erste Milch der Hündin, die Biestmilch oder auch Kolostrum genannt. Für eine optimale Entwicklung der Welpen ist es wichtig, dass sie in den ersten 12 bis 24 Stunden nach der Geburt ausreichend Kolostrum zu sich nehmen, da es die wichtigen Antikörper der Mutter enthält. Etwa ab dem Ende der dritten Woche sind die Welpen in der Lage, eigenständig Futter aufzunehmen, und je nach Wurfgröße und Milchleistung der Hündin muss ab diesem Zeitpunkt zugefüttert werden. In der Regel zeigen das aber auch die Welpen durch vermehrte Unruhe und wachsendes Interesse am Futter der Hündin.

Und schließlich werden die Welpen dann mit der 6. Lebenswoche komplett abgesetzt und nehmen nur noch feste Nahrung zu sich. Am einfachsten funktioniert das Absetzen beim Hund, indem man die Welpen abrupt absetzt und die Futtermenge der Hündin stark drosselt, sodass ihr die Energie zur Milchproduktion fehlt.

Das Ziel bei der Fütterung von Absetzwelpen und Junghunden sollte sein, die für die jeweilige Rasse optimale Entwicklung zu ermöglichen. Maximale Wachstumsraten sind nicht erwünscht. Es ist aber genauso am Ziel vorbeigeschossen, wenn man Junghunde mit einer »Turbomast« (zu hohe Energie- und Proteingehalte) füttert, wie sie »hochhungern« zu lassen. Beides findet man aber nach wie vor regelmäßig in der Praxis. Wie bereits an anderer Stelle erwähnt: Eine gesunde und bedarfsdeckende Fütterung von Welpen ist eine Investition in die Zukunft!

8.2.5. Und was ist mit dem Protein?

Eine häufig gestellte Frage ist die nach dem passenden Proteingehalt im Welpenfutter. Lange Zeit wurde vermutet, dass Skeletterkrankungen, wie z.B. die *Osteochondrosis dissecans* (OCD), ihre Ursache in einem zu hohem Proteingehalt haben. Aber bei der OCD handelt es sich um eine multifaktorielle Erkrankung. In der Regel sind schnell wachsende, mittelgroße und große Hunde betroffen und es gibt Rassedispositionen. Ein hoher Energiegehalt des Futters, unausgewogene Gehalte an Calcium, Phosphor und Vitamin D sowie hormonelle Imbalancen (Somatotropin, Schilddrüsenhormone, Andro- und Östrogene) können aber ebenso wie Traumata und Durchblutungsstörungen in den Epiphysenarterien einen Einfluss auf die Entstehung einer OCD haben.

An Doggenwelpen wurde konkret der Einfluss zu hoher Proteingehalte auf die Entstehung der OCD und andere Skeletterkrankungen untersucht. Eine hohe Proteinaufnahme führte zu keinerlei Unterschieden in Größe und Gewicht der Doggen. Ein Einfluss auf Skeletterkrankungen ist damit unwahrscheinlich. Ganz im Gegenteil ist eine ausgewogene Aufnahme von hochwertigem Protein für die optimale Entwicklung schnell wachsender Junghunde essenziell. Problematisch ist also nicht der hohe Protein-, sondern ein zu hoher Energiegehalt, da er zu einem zu schnellen Wachstum führt.

Frisch abgesetzte Welpen haben den höchsten Proteinbedarf – da sie jede Menge Protein zur Bildung der Körpermasse benötigen – und nehmen im ersten Lebensmonat täglich bis zu 6 g Protein pro kg Körpergewicht auf. Danach reduziert sich der Bedarf an Eiweiß jedoch mit zunehmendem Alter. Der Proteinbedarf des Junghundes sinkt rasch ab und entspricht bereits ab dem 6. Lebensmonat fast dem Bedarf des erwachsenen Hundes.

Um den Bedarf für das Wachstum zu decken, sollte die Proteinaufnahme durch die Nahrung im zweiten Monat bei etwa 10 g pro kg Körpergewicht pro Tag liegen, nach fünf bis sechs Monaten bei 4–5 g und danach bei 2,5–4 g. Eine höhere Aufnahme führt ausschließlich zu einer Erhöhung des Leberstoffwechsels, ohne die Wachstumsintensität anzuregen.

Viele Hersteller von Alleinfuttermitteln tragen dem Rechnung, indem sie zunächst ein Welpenfutter für die ersten 5–6 Monate und danach ein Juniorfutter mit entsprechend reduzierten Proteingehalten anbieten.

Auch »die Natur« beachtet dies, indem Welpen anfangs hochwertiges Fleisch von der Mutter vorgewürgt bekommen, aber später, wenn sie mit ans Beutetier dürfen, sicherlich nicht mehr die hochwertigsten Brocken abkriegen.

Auch macht es durchaus Sinn, ein an die Größe der Hunderasse angepasstes Welpenfutter zu kaufen, da große Hunderassen anders wachsen als kleine. Beispielsweise wiegt ein Dackelchen am Ende des ersten Lebensjahres etwa 25 Mal so viel wie am Tag seiner Geburt, während eine Dogge im gleichen Zeitraum ihr Gewicht um das

Besonders große Rassen stellen hohe Ansprüche an die Welpenfütterung.

Hundertfache steigert und noch ein weiteres Jahr wachsen wird, bis sie ihre endgültige Größe erreicht hat. Auch dieser Tatsache sollte mit dem Futter Rechnung getragen werden.

8.2.6. Und der Energiegehalt?

Bei einigen Rassen, wie z.B. dem Beagle oder dem Labrador Retriever, führt eine übermäßige Aufnahme von Energie während des Wachstums zu Fettsucht. Bei großen Hunderassen dagegen führt Überernährung nicht unbedingt zum Fettwerden, aber zu einem zu schnellen Wachstum – die Folge sind sehr dünne, große und schlaksige Hunde.

Auf das Ca/P-Verhältnis muss beim Welpen ein besonderes Augenmerk gelegt werden.

Oft reagiert der Halter dann auf seinen dünnen Hund, in dem er ihm noch mehr Futter gibt, um etwas »drauf zu füttern«, was zu noch mehr Energie führt, die wiederum weiterhin ins Wachstum investiert wird. Die noch nicht ausreichend mineralisierten Knochen sind aber noch gar nicht in der Lage, das Gewicht zu tragen, und es kommt zu Problemen mit dem Bewegungsapparat. Dies wiederum kann eine Reihe von Skelettdefekten begünstigen, wie beispielsweise Hüftgelenks- und Ellbogendysplasie sowie die bereits erwähnte Abspaltung von Knochenteilen im Gelenk (OCD). Darum sollte sich für ein gesundes und langsames Wachstum unbedingt an einer Wachstumskurve orientiert werden. Dabei orientiert man sich am besten am Gewicht des gleichgeschlechtlichen Elterntieres, was in der Regel in etwa dem zu erwartenden Endgewicht des Welpen entspricht.

8.2.7.
Calcium und Phosphor – die Bausteine für ein gesundes Skelett

Ein weiteres häufiges Problem in der Fütterung von Welpen und Junghunden ist der Gehalt an Calcium und Phosphor, da beide Mengenelemente essenziell für die Entwicklung eines gesunden Skelettes sind.

Erst durch einen Vergleich mit unserer eigenen Art wird deutlich, wie hoch der Calciumbedarf eines Welpen im Wachstum ist. Hier ein Vergleich der Kollegin Dillitzer, der eindrücklich klarmacht, wie wichtig es ist, sich am tatsächlichen Bedarf des Hundes zu orientieren, anstatt »Pi mal Schnauze« zu füttern: So benötigt ein erwachsener Mensch mit 65 kg 0,8 g Calcium pro Tag, ein erwachsener Hund vom 30 kg ca. 1,7 g, ein Welpe mit aktuell 15 kg (Endgewicht 30 kg) dagegen über 5 g am Tag. Sehr häufig wird der hohe Bedarf an Calcium von Haltern falsch eingeschätzt und es kommt im selbst zusammengestellten Welpenfutter zur Unterversorgung mit fatalen Folgen für das Skelett. Eine Überversorgung ist aber natürlich genauso zu vermeiden!

In diesem Zusammenhang sei auch nochmal darauf hingewiesen, dass ein Welpe, der ein bedarfsdeckendes Welpenfutter bekommt, keinerlei Mineralzusätze benötigt! Diese richten mehr Schaden an, als sie Nutzen bringen. Aber nicht nur die absoluten Gehalte an Calcium und Phosphor sind für ein gesundes Welpenwachstum relevant, ein ausgewogenes Verhältnis zwischen beiden Mineralien ist ebenso wichtig; idealerweise sollte es bei 1,2–1,5 : 1 liegen.

Mineralzusätze schaden in der Regel mehr als dass sie nutzen.

Fazit: **Welpenfütterung**

Welpen und Junghunde mit einem Adultfutter zu füttern, wie es immer wieder empfohlen wird, schießt am Bedarf eines wachsenden Hundes vorbei! Bis zum Zahnwechsel haben Hunde einen vergleichsweise hohen Proteinbedarf, und auch einen hohen Bedarf an Calcium und Phosphor, da sie sich in der Hauptwachstumsphase befinden. Und der wird durch ein Futter für ausgewachsene Hunde nicht gedeckt. Nach dem abgeschlossenen Zahnwechsel sinkt der Bedarf und nähert sich dem eines ausgewachsenen Hundes an, weswegen es Sinn macht, dann auf ein Juniorfutter mit angepassten Protein-, Calcium- und Phosphorgehalten umzustellen oder sich erneut eine passende Ration berechnen zu lassen. Aufgrund der Gefahr von Wachstumsstörungen durch falsch berechnete Rationen, raten wir aber eher von selbst zusammengestellten Rationen für Welpen und Junghunde ab oder empfehlen dringend, sich hier auf jeden Fall den Rat eines Profis einzuholen. Wer dazu nicht bereit ist, sollte im Sinne der Welpen besser auf ein bedarfsdeckendes Fertigfutter zurückgreifen. Eine Fütterung über (oder auch unter) dem Bedarf kann zu den schon angesprochenen Wachstumsproblemen führen. Bei den »Minirassen« kann bereits mit einem knappen Jahr auf ein Erwachsenenfutter umgestellt werden, bei großen Rassen empfiehlt es sich, bis zum Alter von 18 Monaten bei einem Juniorfutter zu bleiben.

Beim Senior-Hund ändert sich der Bedarf.

8.3.
Graue Schnauzen: Der Seniorhund

Der Anteil älter werdender Hunde steigt immer mehr, denn entgegen verschiedener Behauptungen im Internet, ist die Lebenserwartung von Hunden in den letzten Jahren signifikant gestiegen, sodass die Frage nach Zusammenhang von Ernährung und Verhalten auf der Hand liegt, zumal sich das Verhalten älterer Hunde gegenüber den jüngeren Jahren meist entscheidend ändert. Dabei geht es hauptsächlich um typische Alterungsprozesse wie Erhöhung der Krankheitsanfälligkeit, Veränderungen der Stoffwechselaktivität, Haut, Skelett, Herz-Kreislauf-System, Niere, Verdauungstrakt und, und, und. Wenn wir ehrlich sind, eigentlich alles! Ich denke, dass man den Alterungsprozess letztendlich nicht aufhalten kann, aber natürlich sollte man dem alten Hund die bestmögliche Lebensqualität bieten. Dabei spielt die Ernährung eine wichtige Rolle und sie wird sich auf sein Verhalten auswirken! Das ist sicher. Was gilt es grundsätzlich zu beachten?

Energie. Die Energieversorgung sollte beim alternden Hund in Abhängigkeit des Aktivitätszustandes reduziert werden. Auch in diesem Zusammenhang ist Gewichtskontrolle wichtig. Eine Verminderung um 30 % wäre ganz normal (der Stoffwechsel und das Bewegungssystem werden es dem Hund danken). Bei Untergewicht kann die Futtermenge jeder Zeit wieder erhöht werden.

Protein. Die Eiweißversorgung sollte bedarfsdeckend sein, aber mit möglichst hoher Proteinqualität, wenn schon, denn schon ... Die Verdaulichkeit sollte gut sein, um den Darm nicht unnötig zu belasten. Das heißt, dass der Anteil an Leguminosen und bindegewebsreichen Produkten in Grenzen gehalten werden muss. Aber bitte nicht ganz darauf verzichten. Auch der alte Hund bleibt ein Carni-Omnivore!

Rohfaser. Wie gerade gesagt, muss ein gewisser Anteil Rohfaser erhalten bleiben, um die Darmmotorik in Gang zu halten. Zentek empfiehlt >1,5 % der Trockensubstanz[19]. Neben Cellulose empfiehlt er die Zugabe von Möhren, Trockenschnitzel und Inulin. Dies wird die Stoffwechselaktivität und das Darm-Immunsystem positiv beeinflussen.

Mengenelemente. Die Calcium-Versorgung muss angepasst sein und eine Überversorgung mit Phosphor ist unbedingt zu vermeiden (→ Nierenbelastung!). Natrium, Chlorid, Magnesium und Kalium sind in der Regel kein Problem und können zunächst unbeachtet gelassen werden, solange die Nieren in der Lage sind, das Gleichgewicht im Blut aufrechtzuerhalten.

Spurenelemente. Auch beim Seniorhund muss auf die ausreichende Versorgung mit Zink, Selen, Kupfer und Jod geachtet werden, vor allem, wenn die Futteraufnahme reduziert wird. Was zu viel oder zu wenig ist, lässt sich leider nur schwer oder gar nicht sagen. Zentek empfiehlt bezüglich Zink 2 mg pro kg Körpergewicht. In ähnlicher Größenordnung liegen auch die anderen Spurenelemente.

Vitamine. Die Vitamingehalte sollten aufgrund der wahrscheinlichen Darmveränderungen und/oder erhöhten Verluste durch altersbedingte Niereninsuffizienzen erhöht werden.

Der Protein- und Energiebedarf eines alten Hundes verringert sich.

Bei den fettliebenden Vitaminen (A, D) sollte man trotzdem vorsichtig sein. Die wasserlöslichen Vitamine (C usw.) sind bei normaler Nierenfunktion kein Problem – gehen Sie aber nicht nach dem alten Chemiker-Motto »viel hilft viel« vor!

Canine kognitive Dysfunktion (CCD). Auf die CCD beim Hund und ihre mögliche Beeinflussbarkeit durch die Fütterung wird im Zusammenhang mit Demenz/Alzheimer-Erkrankung im Detail in Kapitel 13.6 eingegangen.

9.

Der Hund ist kein kleiner Wolf – MYTHEN RUND UM DIE HUNDEERNÄHRUNG

Der Haushund ist ein Vertreter der zoologischen Ordnung Carnivora (Raubtiere). Dieser Begriff aus der biologischen Systematik führt leider immer wieder zu Verwirrung. Denn die meistverwendete Bezeichnung des Ernährungstyps der Carnivoren (Fleischfresser) leitet sich nur von Carnivora ab und sollte nicht mit der Säugetier-Ordnung der Raubtiere verwechselt werden. Carnivora sind nicht zwangsläufig Carnivoren, und Carnivoren gehören umgekehrt nicht zwangsläufig der Ordnung Carnivora an.

Es gibt in vielen weiteren evolutionären Entwicklungslinien Fleischfresser (interessanterweise auch bei Pflanzen). Zudem gibt es Vertreter der Raubtiere, die sich, wie beispielsweise Bären, überwiegend von pflanzlicher Nahrung ernähren und somit meist zu den Allesfressern (Omnivore) gezählt werden. Dem gegenüber stehen als dritte große Gruppe die Pflanzenfresser (Herbivore) wie z.B. Wiederkäuer. Raubtiere ernähren sich typischerweise von Beutetieren, weshalb sie allgemein als Fleischfresser gelten. Jedoch sind die Tierarten der Ordnung Carnivora nicht zwangsläufig Fleischfresser: Die zoologische Einteilung erfolgt primär anhand morphologischer und anatomischer Merkmale und nicht anhand der Art der Ernährung. Beispielsweise gehört auch der große Pandabär zur Ordnung der Carnivora, der sich ausschließlich von pflanzlicher Kost ernährt. Trotzdem besitzen Pandas den typischen Verdauungstrakt eines Fleischfressers mit einem kurzen und einfach strukturierten Darm.

Unter den Fleischfressern unterscheidet man zwischen strikten (obligatorischen) und nicht-strikten Fleischfressern. Zu den obligatorischen Carnivoren gehören z.B. die Katze und das Frettchen. Sie sind auf die Aufnahme von tierischer Kost angewiesen und bestimmte Nährstoffe, die nur in tierischer Nahrung enthalten sind, sind für sie lebenswichtig. Ein Beispiel dafür ist Taurin. Ein Taurin-Mangel führt bei Katzen zu Herzerkrankungen, Fortpflanzungsstörungen und Sehstörungen. Beim Hund wird nicht selten bei Anzeichen einer Herzinsuffizienz eine erblich bedingte dilatative Kardiomyopathie (DCM) diagnostiziert[63]. In letzter Zeit haben verschiedene tiermedizinische Zeitschriften von vermehrtem Auftreten von DCM auch bei nicht erblich vorbelasteten Hunden berichtet. Und es trat schon früh der Verdacht auf, dass diese Beobachtung im Zusammenhang mit Getreide freier Fütterung bzw. mit der Verabreichung neuartiger Proteindiäten, die beide nur wenig Taurin enthalten, zusammenhängt. Taurin ist eine Aminosäure, die in relativ hoher Konzentration im Herzgewebe vorliegt und ganz wichtig für die Muskelkontraktion ist.

Obwohl man annimmt, dass der Hund ausreichende Mengen an Taurin selber synthetisieren kann, gibt es anscheinend so etwas wie eine Mindestmenge, um eine physiologische Herzleistung zu gewährleisten. Zahlreiche Hunderassen (u.a. Cockerspaniel, Dobermann-Pinscher, Golden Retriever, Labrador Retriever, Bernhardiner) reagieren empfindlicher bei relativem Taurinmangel und entwickeln besonders bei chronischem Mangel eine Herzinsuffizienz, in diesem Fall DCM. Eine Studie zeigte, dass in dieser Mangelsituation die Supplementierung von Taurin in einer Dosis von 100 mg pro Kilogramm Körpergewicht pro Tag über einen Zeitraum von einem Monat den Zustand der DCM-Patienten deutlich verbesserte.

Manche Nährstoffe, die nur in Pflanzen vorkommen, sind für strikte Fleischfresser unterm Strich nutzlos. So sind z.B. Katzen, im Gegensatz zum Hund, nicht in der Lage, Beta-Carotin in Vitamin A umzuwandeln. Der Wolf und der Hund sind keine strikten Fleischfresser. Nach ihrer Ernährungsweise können sie als Carni-Omnivore (oft auch fakultative Carnivore) bezeichnet werden, also als Allesfresser, die sich überwiegend von tierischer Nahrung ernähren oder kurz als Fleisch-Allesfresser.

Aber auch ganz allgemein wird in Futter-Diskussionen sehr oft der Vergleich mit dem Wolf herangezogen und zum Beispiel angebracht, dass Wölfe sich ja auch nicht nach Rationsberechnungsplänen ernähren. Nein, das tun sie natürlich tatsächlich nicht! Aber die Ansprüche, die die Natur an einen Wolf hat, sind eben ganz andere, als wir sie an unsere Haustiere haben. Wer damit zufrieden ist, wenn der Hund 5–6 Jahre alt wird und nach Möglichkeit seine Gene weitergegeben hat, kann sich in der Fütterung durchaus am wilden Verwandten unserer Haushunde orientieren. Wer aber möchte, dass sein Hund ein möglichst langes und gesundes Leben führt, sollte dafür Sorge tragen, dass er bedarfsdeckend ernährt wird. Für ein langes und gesundes Hundeleben sind eine ausgewogene Ernährung und eine gute (auch prophylaktische) medizinische Versorgung essenziell.

Spannend ist in dem Zusammenhang auch, dass in Verhaltensfragen Vergleiche mit dem Wolf oft regelrecht verpönt sind – weil der Hund eben kein Wolf ist – in Ernährungsfragen hingegen Hunde und Wölfe regelmäßig gleichgesetzt werden, was dann als Rechtfertigung für alles Mögliche verwendet wird. Zumal man zwar alles vergleichen – auch Äpfel mit Birnen – aber eben nicht gleichsetzen kann.

> Fazit: **Fleischfresser**
>
> Fleischfresser ist nicht gleich Fleischfresser! Unter den Fleischfressern unterscheidet man zwischen strikten und nicht-strikten Fleischfressern. Der Hund ist kein reiner Fleischfresser! Sondern ein Allesfresser, der sich vorwiegend von tierischer Nahrung ernährt (Carni-Omnivor).

9.1.

Hunde gehen nicht jagen, wenn sie Hunger haben

Die Ausgangslage: Für das Überleben einer Wolfsfamilie ist die Nahrungsbeschaffung von zentraler Bedeutung. Das hoch entwickelte Sozialverhalten der Wölfe hat seinen Ursprung sicher auch zu einem großen Teil in der gemeinsamen Welpenaufzucht und der Jagd. Wölfe jagen auch Tiere, die wesentlich größer und schwerer sind als sie selbst.

Das geht einfacher in einem organisierten Rudel, allein wären sie vielfach chancenlos. Die gemeinsame Jagd bedingt koordiniertes Handeln und klare Regeln des Zusammenlebens. Entgegen früheren Vorstellungen, nach denen die Wölfe ihre Beute durch lange Jagdperioden zur Erschöpfung bringen würden, weiß man heute, dass sie ihre Beute meist durch eine eher kurze, aber schnelle Jagd überrumpeln (kurzfristig kann ein Wolf eine Spitzengeschwindigkeit von bis zu 60 km/h erreichen). Falls sie die Beute nicht in nützlicher Frist erreichen, geben sie rasch wieder auf, um ihre eigenen Energiereserven zu schonen. Wölfe lernen sehr schnell, welche Jagdtechniken Erfolg bringen und welche nicht. Sie jagen nur, wenn die Erfolgsaussichten realistisch erscheinen. Trotzdem führen nur etwa 10 % der Jagdversuche schlussendlich auch zum Erfolg. So müssen sie vielfach über mehrere Tage ohne Nahrung auskommen. Dafür können Wölfe bei Jagderfolg dann aber bis zu 20 % ihres Körpergewichtes an Fleisch hinunterschlingen. Bei großen Wölfen können dies durchaus 10 kg Fleisch sein.

Folgen der Domestikation: Bei nahezu jeder Hunderasse ist die Passion zum Jagen noch vorhanden. Bei einigen Hunderassen ist sie besonders ausgeprägt, bei anderen ist sie eher zweitrangig. Umso erstaunter sind oft Halter von »nicht jagenden Rassen«, wenn sie ihren Liebling plötzlich mit wehenden Fahnen im Wald verschwinden sehen. Da unsere Haushunde in der Regel Vollpension gebucht und stets einen gefüllten Napf zuhause haben, entfällt für den

Jagen ist bis heute eine Passion vieler Hunde.

Hund das Jagen aus den oben angesprochenen »Selbsterhaltungszwecken«, also zwecks Nahrungserwerb. Ihm könnte demnach der Hase auf dem Feld eigentlich egal sein, denn für seine tägliche Futterration sorgt ja sein Halter. Aber wie sieht es aus, wenn der Mensch ihm nichts gibt und das Tier hungrig ist, vielleicht schon mehrere Tage lang? Hunger wird verspürt, wenn eine Energie- oder Nährstoffmangelsituation auftritt, z.B. der Blutzuckerspiegel einbricht und der Körper die entsprechenden Regelkreise in Gang setzt. Dieser Frage sind viele Forscher auf den Grund gegangen und haben das Fressverhalten wild lebender Hunde studiert[64]. Tatsächlich zeigen ihre Ergebnisse, dass erjagte Beutetiere (je nach Region) nur einen geringen Teil des Speiseplanes ausmachen. Stattdessen zeigen die Untersuchungen, dass sich wild lebende Hunde vor allem von dem ernähren, was Menschen übrig lassen: nämlich von Müll, Nutzvieh-Karkassen, Ernteresten und auch menschlichen Fäkalien. Nur ein Beispiel: Die Nahrungszusammensetzung frei lebender Hunde bei Untersuchungen in Chile ergab 36 % Haushaltsreste, 26 % Früchte und Sämereien, 19 % Nutzvieh-Karkassen und 19 % Beutetiere. Die Beutetiere setzten sich aus ca. 1/3 Insekten und 2/3 kleineren Nagern sowie Hasen zusammen[65]. In anderen Studien in anderen Ländern finden sich ähnliche Zusammensetzungen. Wer seinen Hund also tatsächlich »naturnah« füttern möchte, sollte sich über Müll und Fäkalien Gedanken machen ...

Aus ökologischer Sicht scheint es vorteilhaft, dass wild lebende Hunde eben nicht mehr hauptsächlich von Beutetieren leben. Dann würden sie nämlich eine ähnliche ökologische Nische wie der Wolf bzw. andere Canidae besetzen. Da Wölfe deutlich besser an das Erjagen von Beutetieren angepasst sind, würde es für Hunde recht schwierig sein, gegen diese Nahrungskonkurrenten zu bestehen. Stattdessen haben sie sich an eine neue Umwelt angepasst und leben weltweit von dem, was Menschen übrig lassen. Somit haben sie für sich offensichtlich eine nützliche ökologische Nische erschlossen. Diese Annahme wird unterstützt dadurch, dass der Haushund weltweit in nahezu allen anthropogenen Landschaften zu finden ist.

9.2. Je höher der Proteingehalt, desto besser?!

Man könnte auch wieder die alte Chemiker-Weisheit »... viel hilft viel ...« zitieren, aber die Antwort lautet »nicht immer«! Es stimmt, dass Futterprotein unerlässlicher Lieferant der essenziellen Aminosäuren ist und Proteinreserven wieder auffüllen kann, denn es gibt ein ständiges Leck durch unvermeidliche Verluste. Eine Zusammenstellung wichtiger Proteinfunktionen im Körper gibt Tabelle 4.

Ist die Proteinaufnahme zu niedrig, wird sich als kompensatorische Maßnahme der Protein-Turnover (Umsatz) verlangsamen und der Anteil der fettfreien Körpermasse (Lean Body Mass, LBM) sinkt (Abb. 17).

Man weiß, dass ein solcher Zustand zu einer erhöhten Krankheitsanfälligkeit führen kann, obwohl die Hunde durch Stoffwechselanpassungen sehr lange in der Lage sind, das Gleichgewicht zumindest für Stickstoff im Blut aufrechtzuerhalten. Ironischerweise wird der Stickstoffwert in der Regel genommen, um den Mindestbedarf für den erwachsenen Hund abzuschätzen. Der Protein-Turnover ist dann aber schon lange gestört. Um diesen zu

Strukturell	Verdauungsenzyme
Muskel (Aktin, Myosin) Haut und Fell (Keratin) Kollagen	Lipasen Proteasen Amylasen
Transportproteine	**Zellenzyme**
Hämoglobin Albumin Transferrin Rezeptoren	ATPasen Katalasen Oxidasen Kinasen
Immunfunktion	**Quelle für**
Antikörper Komplement	Lipasen Proteasen Amylasen
Hormone	**Ionenkanäle**
Thyroxine Insulin Glucagon Parathormon (PTH)	Natrium Chlorid Kalium

Tabelle 4: Funktion von Proteinen mit ausgewählten Beispielen. Es gibt ca. 100 000 verschiedene Proteine im Körper.

Abbildung 17: Der Proteingehalt des Körpers steht in einem Gleichgewicht zwischen Abbau (1) und Aufbau (2) zu Aminosäuren oder von Aminosäuren zu Proteinen. Damit wird die fettfreie Körpermasse (Lean Body Mass, 4) ebenfalls eingestellt. Von außen her beeinflusst die Futterprotein-Menge (5) über den Energiestoffwechsel (3) diese Regelkreise.

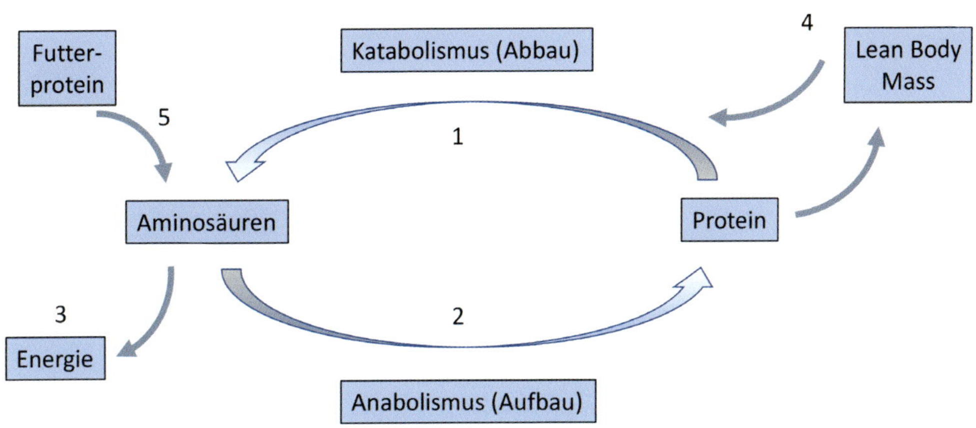

erhalten, benötigt das Tier nämlich ungefähr dreimal mehr Aufnahme, als es bei Stickstoff der Fall wäre.

Wird ein Überschuss an Futterprotein diskutiert, landet man sehr schnell bei Hunden mit chronischer Niereninsuffizienz oder dem nierengesunden Senior-Hund. Viele Untersuchungen haben gezeigt, dass Protein bei gesunden Tieren per se keine negativen Effekte auf die Nierenfunktion hat. Allerdings sollte bei einer eingeschränkten Nierenfunktion ein Futter mit einem reduzierten Phosphor- und Proteingehalt angeboten werden. Eine Proteinrestriktion bei gesunden Senior-Hunden kann dagegen schädlich sein. Denn der Proteinbedarf steigt mit dem Alter um ca. 50 % an, wohingegen der Energiebedarf sinkt. Wenn zu wenig Protein gefüttert wird, kann dies die altersbedingte Abnahme des LBM beschleunigen. Der Senior-Hund sollte wenigstens 25 % der Kalorien aus Protein beziehen, das kann üblicherweise mit einem Futter von ungefähr 7 g Protein/100 Kcal umsetzbare Energie erreicht werden.

9.3. Hunde haben kein Sättigungsgefühl?

Von Natur aus hat der Hund ein sehr spätes Sättigungsgefühl. Das liegt daran, dass der Wildhund/Wolf unter Umständen nur 1 x pro Woche frisst, sich dann aber den Bauch vollschlägt. Das heißt: Die meisten Hunde können mehr fressen, als ihnen guttut. Da ist aus verhaltensbiologischer Sicht sicher etwas dran, aber auf wissenschaftlicher Ebene lassen sich die physiologischen Phänomene »Sättigungsgefühl«, »Appetit« und »Hunger«, sowie die jeweilige Steuerung, nicht so einfach erklären und die Regulation der Nahrungsaufnahme scheint zurzeit noch weit entfernt von annähernd vollständiger Aufklärung.

Das Verständnisproblem basiert auf der Tatsache, dass die Steuerung der Nahrungsaufnahme in viele vitale homöostatische Regelkreise (Energiespeicher, Metaboliten und essenzielle Nährstoffe) integriert ist. Feedback-Signale von Verdauungstrakt und Stoffwechsel bestimmen zum Beispiel den Beginn und das Ende einzelner Mahlzeiten sowie deren Größe. Hormonsignale vom Fettgewebe, die Leptine, beeinflussen die mahlzeitbezogenen Signale. Erlernte Präferenzen und Aversionen für Geschmacksstimuli verändern die Nahrungswahl aber auch. Ein komplexes neuronales Netzwerk mit Knoten im Hirnstamm, im Zwischenhirn und im Endhirn verarbeitet die peripheren Signale und gewährleistet die Anpassungsfähigkeit der Steuerung an unterschiedliche physiologische Zustände und Umweltbedingungen (Abb. 18).

Die wichtigsten Steuerungssignale, die bislang bekannt sind, sind in Abb. 19 zusammengefasst.

9.4. »Getreide ist schlecht für Hunde« – »Bloß keine Kohlenhydrate!« – Stimmt das?

Dass Getreide im Hundefutter nicht artgerecht und schädlich sei, hört und liest man immer wieder. Argumentiert wird an dieser Stelle gerne mit dem wilden Verwandten unserer

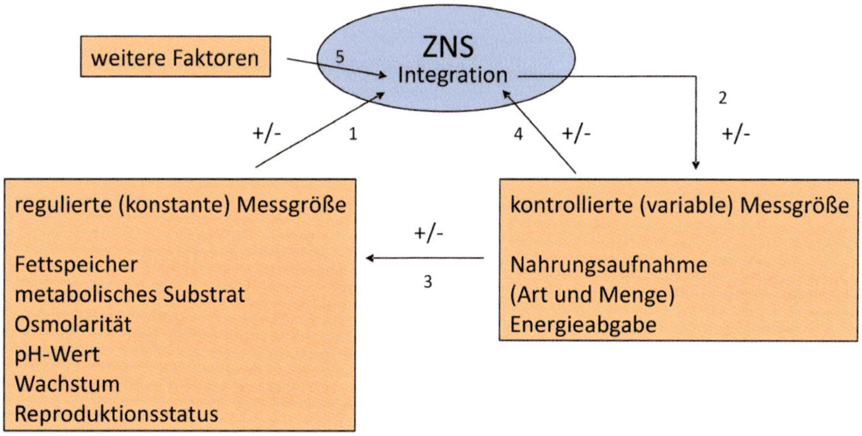

Abbildung 18: Konstante (1) und variable (4) Messgrößen vermelden dem ZNS den Ist-Zustand. Nach Integration der Daten reguliert das ZNS über Nervenfasern (2) die variablen Messgrößen nach oben (+) oder nach unten (-). Über die variablen Messgrößen werden die konstanten Messgrößen (+/-) feinreguliert, was schlussendlich wieder an das Gehirn vermeldet wird (1). Die variablen Messgrößen nehmen Einfluss auf die konstanten Messgrößen (3). Weitere Faktoren, die noch gar nicht alle bekannt sind, wirken von außen auf das ZNS ein (5).

Abbildung 19: Endokrine und nervale Informationswege geben dem ZNS die Informationen, die zu einer Hoch- (+) oder Runterregulation (-) der Nahrungsaufnahme führen.

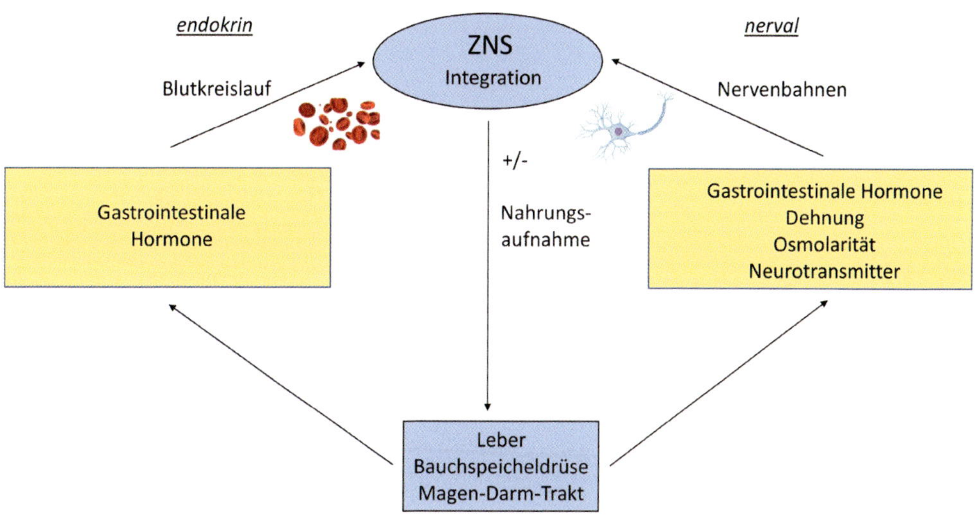

Mais enthält vergleichsweise wenig Tryptophan und hemmt dadurch die Bildung von Serotonin. Die Verwendung von Mais im Hundefutter wird kontrovers diskutiert.

Haushunde, dem Wolf, dessen Verdauungstrakt sich ja angeblich nicht von dem eines Haushundes unterscheidet. Wenn man an dieser Stelle bedenkt, dass der Verdauungstrakt in der Maulhöhle beginnt und in Gedanken mal ganz kurz an die Maulhöhle etwa eines Mopses denkt, sollte schnell klar werden, dass es schon ganz am Anfang des Verdauungstraktes gravierende Unterschiede gibt. Aber auch funktionell sind die Jahre der Domestikation nicht spurlos am Hundedarm vorbeigezogen, denn die mehr oder weniger ausgeprägte Fähigkeit zur Stärkeverdauung unterscheidet Hund und Wolf deutlich und ist als eine sekundäre Anpassung des Hundes an die spätere Landwirtschaft des Menschen zu verstehen. Alles andere wäre bei einem Tier, das sich dem Menschen als Resteverwerter angeschlossen hat, erstaunlich, denn auch auf prähistorischen Müllkippen gab es vermutlich keine Filetsteaks.

So zeigen neuere Studien aus Schweden, dass Hunde deutlich mehr Kopien von verschiedenen Genen haben, die zur Stärkeverwertung benötigt werden (u.a. AMY2B-Gen). Eine höhere Anzahl an Kopien dieses Gens ermöglicht eine höhere Amylase-Aktivität und damit eine effektivere Stärkeverdauung und -nutzung.

Eine Folgestudie ergab, dass die Kopien-Anzahl des Gens AMY2B sowohl zwischen Rassen, aber auch innerhalb einer Rasse deutlich schwankt.

Durchschnittlich haben Hunde fünfmal mehr Kopien des Gens als Wölfe, aber Hunde, die aus Regionen stammen, in denen prähistorische Landwirtschaft betrieben wurde, haben eine deutlich höhere Anzahl an Genkopien (N = 11) als Hunde, die nicht aus solchen Regionen stammen (N = 3).

Wissenschaftlich fundierte Erkenntnisse bestätigen also keinesfalls, dass Hunde pauschal keine Stärke bekommen sollten, vielmehr muss jede Sachlage (siehe z.B. individuelle Verträglichkeit, Allergien, Diabetes usw.) differenziert betrachtet werden. Auch Getreidesorten wie Weizen oder Reis enthalten vor allem Kohlenhydrate in Form von Stärke, dafür nur wenige Ballaststoffe wie beispielsweise Cellulose. Viele als »getreidefrei« vermarktete Hundefutter enthalten zwar kein Getreide, dafür aber Kartoffeln und verschiedene andere Gemüse, deren Hauptbestandteil ebenfalls Stärke ist.

Der Verdauungsapparat des Hundes differenziert prinzipiell nicht zwischen der Herkunft der Stärkequelle, sondern das Kohlenhydrat wird mit Hilfe der Amylase immer identisch verdaut. Kohlenhydrat ist also Kohlenhydrat, egal ob es aus Weizen oder aus einer Kartoffel stammt! Interessanterweise können Hunde wie Menschen bei stärkereicher Fütterung die Produktion von Amylase erhöhen. Sie können sich also bis zu einem gewissen Ausmaß an eine stärkereiche Nahrung anpassen, und zwar so gut, dass bis zu zwei Drittel der Energie im Futter aus Kohlenhydraten stammen können. Wofür wäre ein solcher Anpassungsmechanismus für das Tier nützlich, wenn es nicht Kohlenhydrate fressen würde? Erst wenn die Hunde über das Futter mehr als 60 % Kohlenhydrate aufnehmen, entsteht oft Durchfall (wässrige Diarrhö), weil die nur teilweise abgebaute oder gar unverdaute Stärke im Dickdarm Wasser zieht[66]. Das würde beim Menschen übrigens nicht anders aussehen!

Eine Sonderstellung beim Getreide nimmt der Mais ein, da er einen auffallend niedrigen Tryptophan- und hohen Tyrosingehalt aufweist und somit die Bildung von Serotonin hemmt, was bei gestressten und unsicheren Hunden und Hunden mit Aggression und Impulskontrollstörungen zu vermehrten Problemen führen kann. In aktuelleren Studien steht eine komplett getreidefreie Ernährung im Verdacht, eine dilatative Kardiomyopathie (DCM) begünstigen zu können[63].

Immer wieder wird auch eine Glutenintoleranz beim Hund diskutiert, die aber bis heute nicht nachgewiesen ist. Einzig bei den Border Terriern ist eine Sonderform der Epilepsie bekannt, das Canine Epileptoid Cramping Syndrome (CECS), bei der epileptiforme Anfälle durch Gluten ausgelöst werden. Diese Form der paroxysmalen Dyskinesie kommt zwar auch bei anderen Rassen vor, aber nur beim Border Terrier ist sie mit einer spezifischen Gluten-Sensitivität in Verbindung gebracht worden.

Fazit: **Getreide**

Bei gesunden, normalgewichtigen adulten Hunden muss die Annahme, dass Getreide per se »schlecht für die Hunde ist«, verneint werden. Viele Nachteile, die vor allem dem Weizen angelastet werden, sind eigentlich Folgen einer Überversorgung mit Energie. Für einige Krankheitsbilder muss die Frage »Kohlenhydrate ja/nein« jeweils neu gestellt werden, allerdings würde dieses die Hauptnährstoffe Proteine und Fette in gleicher Weise betreffen!

9.5. »Komm oder stirb« – die reine Handfütterung

Seit Jahrzehnten hält sich der »Erziehungstipp« der reinen Handfütterung, bei der Hunde ausschließlich gegen Kooperation ihr Futter aus Halterhand bekommen. Klar ist Futter doch für das Überleben essenziell, und damit sind wir auch beim eigentlichen Thema: der Ressourcenverwaltung. Der Gedanke dahinter ist natürlich, dass ein Hund, der gelernt hat, dass das Futter ausschließlich gegen Kooperation aus der Halterhand kommt, mehr auf seinen Halter achtet und ein hungriger Hund gehorsamer ist. Das geht zum Teil so weit, dass sogar Welpen hungern müssen, wenn sie auf Ruf nicht kommen.

Biologisch und natürlich? Argumentiert wird an dieser Stelle gerne mit der Biologie von Hunden, die ja im Rudel angeblich auch nur Futter bekommen, wenn sie bei der Jagd kooperieren, und verkauft wird das Ganze gerne als natürliche und gewaltfreie Methode. Aber stimmt das wirklich?

Wenn wir uns eine Wolfsfamilie anschauen, sind die Argumente bezüglich der Biologie von Caniden schnell widerlegt: Zunächst werden die Welpen mit den feinsten, von der Mutter hochgewürgten Futterbrocken versorgt, danach haben sie Zugang zum Beutetier. Und irgendwann kommt der Tag, an dem die jungen, pubertierenden Schnösel das erste Mal mit auf die Jagd gehen. Kooperation? Fehlanzeige! Denn vermutlich stehen sie, ahnungslos, wie sie sind, erst mal blöd im Weg rum und sabotieren mehr, als dass sie kooperieren. Und trotzdem lässt man sie nicht verhungern ...

Aber was ist jetzt genau das Problem dabei? Abgesehen von rein praktischen Problemen – wohin draußen mit all dem Futter und was macht der gemeine Rohfütterer? – macht eine unsichere Ernährungslage auch etwas mit dem Hund, und das ist umso fataler, je jünger der Hund ist. Jeder, der schon mal hungrig war und nicht wusste, wann es wieder etwas zwischen die Kiemen gibt, weiß, dass das ein großer Stressor ist! Die Erfahrungen aus der Beratung zeigen, dass Hunde, bei denen diese »Erziehungsmethode« von Anfang an konsequent durchgezogen wurde, je nach Persönlichkeit entweder dazu neigen, eine Futteraggression zu entwickeln oder depressiv zu werden. Dass das Futter durch diese Praxis zu einer unnötig wichtigen Ressource wird, dürfte klar sein, und oft führt das auch dazu, dass Hunde draußen keinerlei Explorations-, also Erkundungsverhalten zeigen, sondern aus einer Erwartungshaltung heraus ausschließlich ihren Halter stalken, weil sie auf Futter warten. Das mag für den Halter schmeichelhaft sein, der Hund hingegen zeigt kaum mehr natürliches Neugier- und Erkundungsverhalten. Das ist für viele Hunde Stress! Und dass man weder im Stress, noch mit leerem Magen gut lernt, weil das Gehirn einen hohen Energiebedarf hat, wissen wir auch alle aus eigener Erfahrung.

Zudem besteht das Risiko, dass man durch das damit verbundene Futter Situationen für den Hund noch aufregender macht – er ist ja wegen des Futters eh bereits in einer Erwartungshaltung –, was in entsprechenden Situationen dazu führen wird, dass der Hund noch unentspannter ist. Außerdem dürfte man mit der Handfütterung theoretisch nie aufhören, denn kaum bekommt der Hund sein Futter wieder aus dem Napf, wird er sich draußen wieder anderem zuwenden.

Ein hungriger Hund ist nicht entspannt.

Und was ist mit der Bindung? Oft wird im Zusammenhang mit der reinen Handfütterung auch die Bindung ins Spiel gebracht, die angeblich durch die Handfütterung stabilisiert wird. Ehrlich? Ich habe auch keine Bindung zu meinen Kochtöpfen und noch nicht mal zum Koch in meinem Lieblingsrestaurant! Auch wenn Nahrungsaufnahme sehr wohl etwas mit Sozialverhalten zu tun haben kann, ist die reine Futterhand austauschbar. Hormonell wird Bindung über das Hormon Oxytocin vermittelt, und das hat mit der Ernährung erst mal nichts zu tun. Worüber sich das Oxytocin allerdings freut, ist Spiel mit dem Hund, entspanntes Kuscheln auf der Couch, oder ein simpler Blickkontakt, bei dem auch bereits das Oxytocin auf beiden Seiten der Leine sprudelt. Wir halten also fest: intensive Beschäftigung mit dem Hund ist nicht nur bindungsfördernder als die reine Handfütterung, sie macht auch weniger Sauerei und Stress.

Gar kein Futter aus der Hand? Aber natürlich ist der Umkehrschluss nicht, dass ein Hund gar kein Futter aus der Hand bekommen darf! Auch Hunde lernen mit entsprechender Motivation (die nicht aus Futter bestehen muss, aber kann) wesentlich leichter. Und auch mein Beagle bekommt zur Not unterwegs ein halbes Schwein (natürlich nur gekocht!), wenn ich ihn von einem Hasen abrufen kann – allerdings kann ich andersrum lange mit meiner Schweinehälfte winken, wenn ein Hase kommt, denn Hunde gehen ja nicht jagen, weil sie Hunger haben, und das weiß auch der Beagle ...

Unsere Empfehlung wäre aber, dem Hund mindestens 50 % der Ration zur freien Verfügung zu stellen, und das bei Hunden, die sowieso ein Stressproblem haben, am besten gleich in der Früh, sodass sie eben nicht den zusätzlichen Stress von Hunger und unsicherer Ernährungslage haben.

100
110
120
10
20
30

10. PROBLEME BEI der Futteraufnahme

10.1. Ach du dicker Hund! Der Klassiker: Adipositas

Definitionen: Appetit, Hunger, Sättigung, Sattheit. Hunger und Sättigung sind zentrale Regler für die Versorgung mit Energie und Nährstoffen. Darüber werden die Nahrungsaufnahme und das Körpergewicht reguliert. Die zugrunde liegenden Mechanismen sind komplex und für Mensch und Hund in Teilen noch unerforscht. Es gibt ganz viele beteiligte Substanzen (z.B. Neurotransmitter, Stresshormone, Endorphine, Insulin, Leptin, Adiponectin, Ghrelin und viele mehr), die aber wahrscheinlich nur »Handlanger« in einem raffinierten Netzwerk sind, denn sowohl das Epigenom als natürlich auch das Genom der Tiere spielen wohl die »erste Geige« (Abb. 20). Diese Annahme wird durch die Befunde einer Untersuchung von Raffan und Mitarbeitern an Labrador Retriever-Hunden gestärkt.[67] Ein Teil seiner Versuchstier-Kohorte wies einen Defekt des POMC-Gens auf, das an der Bildung von Sättigungshormonen (ß-MSH und ß-Endorphin) beteiligt ist. Betroffene Hunde hatten eine gesteigerte Futter-Motivation und waren adipöser als solche mit intaktem POMC-Gen.

Das Gehirn ist die Schaltzentrale bei der Regulation der Nahrungsaufnahme und übersetzt die zahlreichen Eindrücke und Signale in Hunger oder Sättigung. Erlerntes, Erfahrungen, physikalische Größen (z.B. Volumen und Gewicht einer Mahlzeit, Futterstruktur) und Emotionen sind Größen, die ebenfalls in die Reaktionskaskade eingebunden sind.

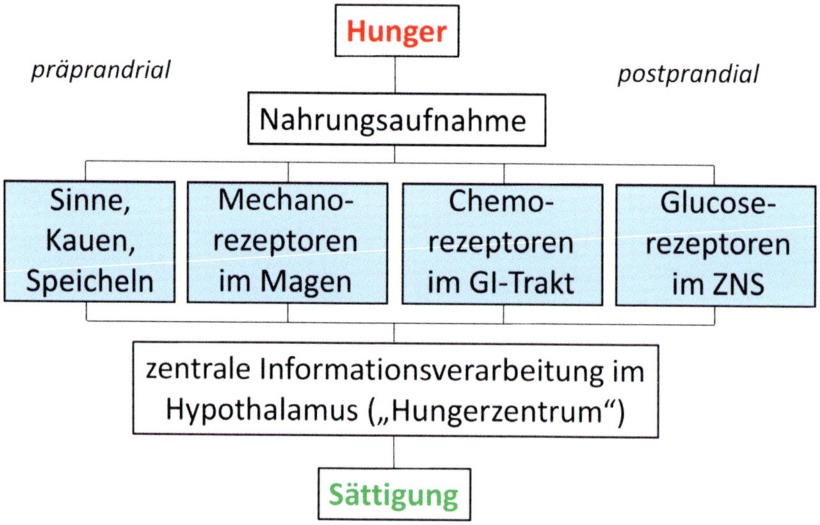

Abbildung 20: Verschiedene mechanisch-physikalische und chemische Rezeptorwege berichten an das »Hungerzentrum« im Hypothalamus, der nach Integration der Daten auf »Hunger« oder »Sättigung« entscheidet.

Hunger kann auch beim Hund wie bei uns als Gefühl verstanden werden, das durch ein Bedürfnis nach Futter/Essen hervorgerufen wird. Manchmal muss die Definition für Hunger enger gefasst bzw. abgegrenzt werden, nämlich als Zustand, der bei einem echten, andauernden Mangel an Nahrung auftritt.

Ebenfalls davon abzugrenzen ist der Begriff **Appetit**, der sich auf eine Lust beruft, ein bestimmtes Nahrungsmittel bzw. eine Mahlzeit zu verspeisen. Man geht davon aus, dass es dieses Verhalten nicht nur bei uns, sondern auch beim Hund gibt.

Sättigung ist der Oberbegriff für die körperlichen Vorgänge, die dem Hund während der Nahrungsaufnahme signalisieren, dass er satt ist und daraufhin aufhört, zu fressen. Die Sattheit hingegen beschreibt den Zustand nach der beendeten Nahrungsaufnahme bis zum Auftreten neuer Hungergefühle.

Adipositas. Die Adipositas (Fettleibigkeit) des Hundes soll als häufigste ernährungsbedingte Störung des Hundes nicht unerwähnt bleiben, zumal sie natürlich nicht nur dem Körper Schaden zufügt, sondern auch das Verhalten beeinflusst. So sind nach Untersuchungen rund ein Viertel der Hunde übergewichtig, bei Senior-Hunden sind es sogar bis zu 40 %. Gefühlt hat sich in den letzten Jahrzehnten das Bild, wie ein Hund optimalerweise auszusehen hat, dramatisch verschoben – leider nach oben. Allerdings ist ein dicker Hund keineswegs ein »süßes Moppelchen«, sondern ein Hund mit einem deutlich erhöhten Risiko für verschiedene Krankheiten. Dazu gehören unter anderem Probleme mit dem Bewegungsapparat (Arthrosen, Kreuzbandrisse usw.), ein erhöhtes Diabetes-Risiko, ein höheres

Risiko für Demenz im Alter, Tumorerkrankungen, Leberprobleme, Hautprobleme oder ein erhöhtes Narkoserisiko – also jede Menge Kundschaft für die Tierarztpraxen!

Aber selbstverständlich kann Übergewicht auch Verhaltensprobleme nach sich ziehen, denn ein Hund, der bei Bedrohung im Zweifelsfall aufgrund seiner Körpermasse nicht mehr flüchten oder sich verteidigen kann, wird sich anders verhalten als einer, der dazu in der Lage ist. Und nicht zuletzt hat eine aktuelle Studie bestätigt, was eigentlich sowieso klar sein sollte: Übergewicht verkürzt die Lebensspanne eines Hundes um bis zu zwei Jahre oder um 20 %[68]! Wir reden hier also nicht von einem rein ästhetischen Problem, sondern von gravierenden Auswirkungen auf die Gesundheit des Tieres, weswegen sich unser Verständnis für adipöse Hunde stark in Grenzen hält! Wer seinen Hund liebt und gerne noch länger was von ihm haben möchte, sollte sich also Gedanken über eine Gewichtsreduktion machen. Scheinbar anekdotisch kommen die Ergebnisse einer Halterbefragung mit über 11.000 Hunden in England daher. Die Besitzer gaben Auskunft zu unerwünschtem Verhalten ihrer Hunde und nach Korrelation der Aussagen mit einem Übergewicht bei den betroffenen Tieren kam heraus, dass Futterbewachung, -klauen, Bellen, Schnappen und außerhäusliche Ängstlichkeit bei übergewichtigen Hunden vermehrt auftraten[69]. Eine schlüssige Erklärung fehlt, aber man kann zumindest darüber nachdenken.

Wann ist ein Hund zu dick? Häufig scheinen Hundehalter den Ernährungszustand ihres Hundes nicht ausreichend beurteilen zu können, zumal sich beim eigenen Hund ja auch gerne eine gewisse »Betriebsblindheit« einstellt. Meine diesbezügliche Lieblingsausrede »Der Tierarzt hat gesagt, unser Hund ist nicht zu dick, der Kopf ist nur ein bisschen klein!« ist zwar amüsant, da sie aber tatsächlich im Brustton der Überzeugung aus dem Munde der Halterin eines hochgradig adipösen Labradors vorgebracht wurde, auch mindestens ebenso besorgniserregend. Auf das Gewicht des eigenen Hundes zu achten, ist schließlich Tierschutz, und wer länger etwas von seinem Hunde haben möchte, sollte das ernst nehmen.

Orientieren kann man sich zur Frage »Übergewicht: ja oder nein?« am sogenannten Body Condition Score (BCS). Um den BCS zu ermitteln, wird der Körper des Hundes seitlich und von oben, palpatorisch (fühlend) und adspektorisch (schauend) analysiert. Die Skala reicht von BCS 1 (stark untergewichtig) bis zu BCS 5 (stark übergewichtig). Erstrebenswert ist ein BCS von 3, denn dieser steht für einen idealen Ernährungszustand.

Dabei sollten die Rippen des Hundes gut tastbar sein (und damit ist nicht gemeint »wenn man lange genug bohrt, stößt man irgendwann auf Rippen«), und beim kurzhaarigen Hund darf man das letzte Rippenpaar sogar unter der Haut sehen. Die Beckenknochen und die Wirbelfortsätze sollten keine vermehrten Fettabdeckungen aufweisen. Bei seitlicher Betrachtung sollte die Bauchlinie des Hundes vom Rippenbogen zur Leiste ansteigen, von oben sollte die Taille deutlich erkennbar sein. All das ist bei Ihrem Hund kein Problem? Dann gratulieren wir Ihnen, und Sie können dieses Kapitel überspringen!

Nach Zentek[19] ist ein Überschreiten des Idealgewichtes um bereits 10 % eine beginnende, und bei 20 % über Idealgewicht eine manifeste Adipositas erreicht. Dillitzer ist etwas gnädiger und spricht von Übergewicht, wenn das tatsächliche Körpergewicht das Idealgewicht um mehr als 15 % übersteigt, und von Adipositas, wenn es mehr als 30 % über dem Idealgewicht liegt. Mein Beagle entscheidet sich für die Definition nach Dillitzer.

Stellen wir uns also vor, ein Beagle sollte 15 kg auf die Waage bringen, in der Realität sind es aber 22 kg. Wenn wir das auf uns Menschen übertragen, würde ein Mensch mit einem Idealgewicht von 70 kg stattdessen gut 102 kg auf die Waage bringen. Gewichtig, oder?

»Nur« sieben Kilo Übergewicht klingt beim Hund also zunächst nicht dramatisch – ist es aber! Denn hier liegt mit der Adipositas eine Erkrankung vor, die dringend behandelt werden sollte. Wir erinnern uns an die deutlich verkürzte Lebenserwartung adipöser Tiere.

Auch hierzu nochmal »knallharte Fakten«: Eine Studie aus England zeigt, dass das Körpergewicht von Hunden ihre Vitalität und Lebensqualität deutlich beeinflusst. An der Studie nahmen 50 übergewichtige Hunde teil, eine Gruppe erhielt eine Diät, und die Pfunde purzelten. Diese Gruppe gewann signifikant an Vitalität und Lebensfreude. Bei der Vergleichsgruppe hingegen, bei der sich das Gewicht nicht reduzierte, stellten die Forscher neben einer verringerten Vitalität auch eine höhere emotionale Unausgeglichenheit fest. Auch hier nochmal: Adipositas beim Hund ist keineswegs ein rein ästhetisches Problem!

Die Folgen. Allseits bekannt und allzu selbsterklärend ist die Folge des Übergewichts auf die Gelenke bzw. den gesamten Bewegungsapparat, aber auch der Herz-Kreislaufapparat wird über Gebühr beansprucht, das Narkoserisiko steigt massiv an, ebenso das Risiko für Tumorerkrankungen, das Immunsystem leidet, es kann zu Problemen mit der Haut oder der Leber kommen, und auch Hunde haben, analog zum Menschen, ein erhöhtes Risiko für einen Diabetes Typ 2, weil die peripheren Gewebe nicht mehr auf Insulin ansprechen und zunehmend resistent werden. Im Verhalten zieht die Adipositas mindestens eine Bewegungsunlust bis hin zur Lethargie nach sich, wie oben bereits erwähnt, kann sie aber z.B. auch zur Angstaggression führen. Stellen Sie sich mal folgendes Szenario vor: Ihr Auto schleppt ständig einen 100 Kilo schweren Sack hinter sich her, 10.000 km, 20.000 km. Natürlich belastet das chronisch die Regelkreise im Körper einschließlich Neurotransmitter und Hormone und damit am Ende auch das Verhalten.

Was man abklären sollte! Selbstverständlich gibt es auch Erkrankungen, die zu Übergewicht führen, aber darauf sollte man sich keinesfalls ausruhen, denn auch in diesen Fällen ist eine Gewichtsreduktion kein Problem bzw. sogar recht einfach, wenn die Grunderkrankung des Patienten gut eingestellt ist.

So sollte man ggf. vor der Diät die Schilddrüsenwerte und andere hormonelle Entgleisungen (Morbus Cushing) abklären und gegebenenfalls behandeln. Auch die Kastration bzw. die dadurch bedingte hormonelle Umstellung erhöht das Risiko für Übergewicht, da die Kastration die Regulationsmechanismen offenbar in Richtung höhere Energieaufnahme und geringere Energieaufnahme verschiebt. Sexualhormone dienen nun mal nicht ausschließlich dem Sexualverhalten, sondern haben auch eine Funktion in der Regulation des Stoffwechsels und des Appetits. Eine Faustregel hierzu lautet, dass ein Kastrat einen um ca. ein Drittel reduzierten Energiebedarf hat. Aber Achtung: Natürlich gibt es auch kastrierte Hunde mit Normal- oder gar Untergewicht! Und dass hier dann keine Diät notwendig ist, versteht sich von selbst.

Bewegung beugt Adipositas vor.

Auch bestimmte Medikamente, wie zum Beispiel Cortison oder diverse Antiepileptika, können zu Übergewicht führen. Aber auch das ist keine Entschuldigung, denn gerade für Hunde mit einer bestehenden Grunderkrankung ist es umso wichtiger, sie in einem guten Ernährungszustand zu halten!

In den meisten Fällen heißt die Erkrankung aber ehrlich gesagt schlichtweg »Oma oder Halter ohne Impulskontrolle«.

Die Ursachen. Neben den oben genannten medizinischen Ursachen, spielt natürlich die Energiedichte des Futters eine entscheidende Rolle, die vor allem vom Fettgehalt abhängt. Aber auch der Geschmack ist entscheidend: Zentek beschreibt, dass ein neues Futter kurzfristig durch neue Geschmacksreize zu einer erhöhten Energieaufnahme führt; das Risiko einer Hyperphagie, also erhöhten Nahrungsaufnahme, sei bei gleichbleibendem Futter deutlich geringer. Dass auch zwischendurch gegebene Snacks und Leckerlis einen großen Einfluss haben, ist bekannt, wird aber oft ignoriert – »Er bekommt ja schon kaum mehr was!« Abgesehen von den drei Schweineohren pro Tag mag das dann auch stimmen.

Als Beagle-Halterin kann ich folgenden Punkt, den die Recherche zum Buch ans Tageslicht brachte, bestätigen: Nicht alle Hunde sind in der Lage, sich dem variierenden Energiegehalt unterschiedlicher Futter anzupassen. Während Setter in einem Versuch bei erhöhter Energiedichte im Futter eine gute Adaptionsfähigkeit zeigten, und in der Lage waren, die aufgenommene Futtermenge zu reduzieren, scheiterten Beagles gnadenlos daran.

Das »Fress-Gen«. Apropos Beagle und Retriever: Beide Rassen sind für ihr »Fress-Gen« bekannt, und das kommt nicht von ungefähr. In der Arbeitsgeschichte dieser Hunde war es immer auch Zuchtziel, dass der Hund in der Lage ist, sich die Kalorien, die er an einem Tag »auf Schicht« verloren hat, über Nacht wieder anzufressen. Mäkelige oder schlechte Fresser gingen nicht in die Zucht. Und damit kämpfen wir Halter dieser Hunde bis heute. Und dennoch ist es auch problemlos möglich, einen Labrador oder einen Beagle auf Idealfigur zu halten – und sollte es auch, wenn man wirklich an seinem Hund hängt!

Spannend ist übrigens in dem Zusammenhang auch ein weiteres Zuchtziel bei den Meutehunden: die im Vergleich zu vielen anderen Rassen extrem verminderte Futteraggression. Wer (zum Beispiel als Terrierhalter) einmal in den Genuss kommt, eine Meute zu besuchen und der Fütterung beizuwohnen, wird über die Fütterungspraxis erstaunt sein – es wird eine »Futterstraße« ausgelegt und erst auf Kommando heißt es für 70 Foxhounds oder Beagles »all you can eat«. Hier scheitern viele Privatbeaglehalter bereits an einem Hund. Neben dem erstaunlichen Tempo, mit dem das Futter im Zeitraffer in den Hunden verschwindet, ist die vergleichsweise große Harmonie erstaunlich. Man hört zwar das ein oder andere Knurren, aber mehr passiert in der Regel nicht. Dazu ist auch gar keine Zeit, weil einem sonst der Nebenmann das Futter wegfrisst.

An dieser Stelle ist es übrigens nicht »rassistisch« zu verstehen, wenn ich mir diese Art der Fütterung mit 70 Terriern, Schäferhunden usw. lieber nicht vorstellen möchte! Am Ende wären wir bei Darwin und unter Umständen wären nicht mehr ganz so viele Hunde übrig ... Der Zusammenhang, auf den ich hinaus möchte, ist aber die Verbindung zum Stresshormon-System, denn die Futteraggression unterliegt dem Stresshormon Cortisol aus der Nebennierenrinde. Bei Meutehunden wurde also unter Umständen durch die jahrhundertelange Selektion auf eine (haltungsbedingt notwendige) geringe Futteraggression indirekt auch die Reaktivität des Cortisolsystems reduziert. Eventuell sind so auch die herausragende Resilienz (psychische Widerstandsfähigkeit) und die Coolness und Unbeeindruckbarkeit von Meutehunden entstanden – denn mal ganz ehrlich: Welche anderen Hunde könnte man z.B. jahrelang in einem Labor ohne Kontakt zur »realen Welt« halten, und dennoch sind sie nach Vermittlung fast alle nach relativ kurzer Zeit in der Lage, »draußen« ein zufriedenes und weitgehend stressfreies Leben zu führen?

Wie Gewicht reduzieren? Jede Gewichtsreduktion beim Hund beginnt mit der Einsicht und dem Bewusstsein des Halters! Viele Menschen nehmen über die Jahre tatsächlich gar nicht mehr wahr, dass aus dem einst athletischen Sportler nach und nach eine wabbelige Couchpotato wurde, genauso wenig, wie sie wahrnehmen, wie viel Bello ständig »rechts und links« der normalen Fütterung an Leckereien zugesteckt bekommt. Es bringt nichts, wenn man zwar die Ration kürzt, aber weiterhin fünf Schweineohren pro Tag füttert, außer der Tatsache, dass der Hund dann mit dem, was er tatsächlich benötigt, unterversorgt ist.

Die Empfehlung lautet, eine Woche lang alles aufzuschreiben, was tatsächlich im Hund landet – in der Regel ist das deutlich mehr, als der Besitzer »meint«.

Ein weiterer, häufig gemachter Fehler ist, sich strikt an die Fütterungsempfehlungen auf der Verpackung zu halten, unabhängig davon, wie sich die Gewichtskurve des Hundes entwickelt. Die Angaben sind nur grobe Anhaltspunkte, der tatsächliche Bedarf variiert deutlich und ist natürlich auch von Faktoren wie Aktivität, Haltung oder Alter beeinflusst. Wenn ein Hund trotz der angegebenen Fütterungsempfehlungen zu- oder nicht abnimmt, bekommt er schlichtweg nach wie vor zu viel Energie – oder verbraucht zu wenig davon. Und damit sind wir bei einem ganz entscheidenden Punkt: Auch beim Hund ist bei der Gewichtsreduktion die Bewegung das A und O! Achten Sie also darauf, dass Ihr Hund sich (in einem für ihn und seinen Gesundheits- bzw. Gewichtszustand angemessenem Tempo!) ausreichend bewegt. Und verabschieden Sie sich ganz schnell von dem Gedanken, dass Sie mangelnde Aufmerksamkeit/Bewegung/Auslastung mit Futter kompensieren können!

Sinnvoll ist ein Diätplan, in dem man Ziele und Dauer der Diät festhält. Als Faustregel gilt, dass ein Hund bei richtigem Management ungefähr 1–2 % seines Körpergewichtes pro Woche abnehmen kann – und sollte!

Im Prinzip ist die Rechnung ganz einfach: Man sollte weniger in den Hund reinfüttern, als er benötigt! Wer jetzt aber einfach FdH (Friss die Hälfte) füttert, hat das Problem, dass man damit nicht nur den Energiegehalt der Ration kürzt, sondern auch alles andere, also Vitamine, Spurenelemente, Mineralien etc. Für eine kurzfristige Gewichtsreduktion ist das sicher kein Problem, wenn man das aber auf Dauer so macht, wird der Hund unterversorgt sein. Besser ist es also, wenn man ein kalorienreduziertes Futter verwendet oder sich – wenn man die Ration selbst zusammenstellt, also barft oder für den Hund kocht – eine passende Ration zur Gewichtsreduktion berechnen lässt. Viele Tierärzte bieten das in ihrer Praxis an, lassen Sie sich beraten!

Und nochmal: Seien Sie ehrlich zu sich selbst und lassen Sie »hier mal ein Leckerchen, dort mal was zum Kauen« einfach weg bzw. ziehen Sie es von seiner normalen Ration ab. Wenn Sie unbedingt Kauartikel geben möchte, ist zum Beispiel getrocknete Lunge gut geeignet, weil sie sehr kalorienarm ist. Es spricht auch nichts dagegen, einem Hund, der es mag, mal eine Karotte oder Ähnliches zwischendurch zu geben.

Noch ein Tipp. Unter den Hauptnährstoffen haben die Proteine den am meisten sättigenden Effekt, gefolgt von den Kohlenhydraten und Fetten[70]. Daneben spielt die Rohfaser wie Cellulose eine wichtige Rolle[71].

Cellulose ist ein Faserstoff von Pflanzenzellen und gehört zu den Ballaststoffen (Rohfaser). Sie ist für Fleischfresser unverdaulich und hat keine Kalorien. Für eine geregelte Darmbewegung (Peristaltik) hat dieser Ballaststoff jedoch eine große Bedeutung. Die Mikroorganismen im Dickdarm können die Cellulose abbauen und bilden dabei als Endprodukte kurzkettige Fettsäuren. Die Darmschleimhaut kann diese Fettsäuren aufnehmen und zur Verwertung im Organismus ins Blut abgeben oder gar für den eigenen Zellstoffwechsel gebrauchen. Fettsäuren wirken auf die Gesundheit der Schleimhautzellen wie der Dünger auf das Pflanzenwachstum.

Futtercellulose wird als Einzelfuttermittel der Futterration zugegeben und dient als Ballaststoff-Ergänzung, sie wird aus Baumwolle oder aus dem Holz von Laubbäumen (z.B. Buche) hergestellt. Sie ist rein pflanzlich, enthält keinerlei Geschmacks- oder Konservierungsstoffe und ist absolut geschmacksneutral. Somit hat sie erfahrungsgemäß eine gute Akzeptanz. Futtercellulose kann bei Hunden dauerhaft eingesetzt werden und kann übergewichtigen Tieren bei einer Diät zur Gewichtsreduktion helfen. Durch die Cellulose bleibt das Futter länger im Magen und sorgt für ein gewisses Sättigungsgefühl. Darüber hinaus sorgt die Futtercellulose durch die gesteigerte Peristaltik für eine schnellere Passage des Futterbreies im Dünndarm. Dadurch wird das Futter nicht vollständig verstoffwechselt, die Tiere setzen nicht mehr so viel an. Indem (allmählich) bis zu 10 % der täglichen Futterration durch Futtercellulose ersetzt wird, kann ein maßvolles und gesundes Abnehmen ohne Hunger (→ Stress!) erreicht werden.

Futtercellulose eignet sich darüber hinaus sehr gut als Zusatz zu BARF- oder selbst gekochten Futterrationen, um den meist geringeren Gehalt an Rohfasern/Ballaststoffen auszugleichen. So kann nebenbei auch der Kot im Dickdarm besser geformt werden.

Aber er schaut immer so hungrig! Ja, das wird er wohl – das tue ich auch, wenn ich auf Diät bin! Es liegt leider in der Natur von Caniden, nie wirklich satt zu sein, denn im Gegensatz zu uns Menschen haben sie kaum Dehnungsrezeptoren im Magen, die sofort Sättigung signalisieren. Das wäre für eine Tierart, die sich in der freien Wildbahn einmal in der Woche, wenn gerade Beute gemacht wurde, den Bauch so richtig vollschlägt, um bis zum nächsten Beutefang über die Runden zu kommen, auch ziemlich kontraproduktiv. Dennoch haben natürlich auch Caniden verschiedene hormonelle Mechanismen, die irgendwann Sättigung signalisieren, und irgendwann ist der Magen auch schlichtweg voll und es passt nichts mehr rein. Sonst gäbe es vermutlich schon lange keine Beagles und Retriever mehr ...

Dennoch hat Lebensqualität auch viel mit Sättigung und vor allem einer sicheren Ernährungslage zu tun hat. In diesem Fall, oder z.B. bei Hunden, die aufgrund von Medikamenteneinnahmen mit Übergewicht zu kämpfen haben (siehe oben), kann es helfen, den Ballaststoffgehalt zu erhöhen, weil Ballaststoffe den Magen füllen, aber eben nicht die Fettdepots. Dies kann zum Beispiel wie gesagt Futterzellulose bewerkstelligen. Ideal zum Abnehmen ist also ein kalorienarmes Futter mit hohem Rohfaser- und Proteingehalt, so kann die Energiedichte des Hundefutters reduziert werden, der benötigte Anteil an Protein und anderen Nährstoffen bleibt jedoch erhalten. Das gilt natürlich auch für selbst zusammengestellte Rationen (auch hier empfehlen wir eine Rationsberechnung!).

Damit Ihr Vierbeiner trotzdem Freude am Fressen hat, zugleich ausgelastet wird und sich ausreichend bewegt, können Sie aus der Fütterung auch ein »Event« machen: Füttern Sie Ihren Hund nicht aus dem Napf, sondern lassen Sie ihn seine im Garten verstreute Ration suchen! Damit sind gleich mehrere Bedürfnisse eines Hundes befriedigt, und er ist zugleich länger mit der Nahrungsaufnahme beschäftigt. Sie werden sehen, Hunde lieben das! Hier läuft das übrigens folgendermaßen ab: Ich stehe oben auf der Terrasse, brülle »Kamelle!«, und die Meute flitzt erwartungsvoll runter in den Garten, um die »Kamelle« zu suchen. Und ich wundere mich, dass ich von meinen Nachbarn immer mit leichter Skepsis angeschaut werde.

Last but not least. Überprüfen Sie den Erfolg der Gewichtsreduktion durch regelmäßige Gewichtskontrollen! Die Waage ist unerbittlich, wie wir alle wissen, wohingegen der prüfende Blick auf den eigenen Hund immer subjektiv gefärbt ist, und wir alle gerne nur das sehen, was wir sehen wollen. Im Zweifelsfall lassen Sie sich von Ihrem Tierarzt unterstützen, beraten und begleiten. Ihr Hund wird es Ihnen mit einer gesteigerten Fitness, einer größeren Vitalität und einer höheren Lebenserwartung

Bei mäkeligen Fressern ist Ideenreichtum in der Fütterung gefragt.

danken! Und letztendlich wollen wir doch alle, dass unser Hund möglichst lange und mit größtmöglicher Gesundheit an unserer Seite ist, oder?!

10.2. Der zu dünne Hund

Neben dem Modell Staubsauger, das gerne, alles und viel frisst, und bei dem der Rettungsring zum guten Ton gehört, gibt es auch das Gegenteil, den mäkeligen Fresser, der beim Anblick eines Wienerles pikiert die Nase rümpft und sich wegdreht und alle Versuche, ihm etwas besonders Leckeres zu kredenzen, mit reiner Ignoranz quittiert. Zunächst ist es für Hunde kein Problem, auch mal ein paar Tage ohne Nahrung auszukommen – solange sie gesund sind! – denn darauf war bereits der Vorfahre des Haushundes ausgelegt.

Der mäkelige Fresser. Die Ursachen für eine Futterverweigerung sind vielfältig. Zunächst sollte natürlich der Gesundheitszustand des Hundes untersucht werden, denn bei fast jeder Verschlechterung des Allgemeinbefindens kann auch Appetitlosigkeit auftreten. Besonders aber bei Störungen im Verdauungstrakt kommt es zur Verweigerung der Nahrungsaufnahme. Aber auch Zahnprobleme wie Wurzelinfektionen oder auch Zahnverlust, sind ein häufiger Grund, vor allem bei Seniorhunden. Leider werden sie oft nicht erkannt, weil die meisten Hunde Schmerzen lange Zeit nicht zeigen. Oft lassen sie aber Futter neben dem Napf wieder fallen, kauen nicht richtig oder nur einseitig, oder verweigern die Nahrungsaufnahme eben komplett, besonders, wenn harte Nahrung gefüttert wird.

Je mehr Energie man in einen Hund »hineinfüttert«, desto aktiver kann er werden.

Auch ein schlechter Geruch aus der Maulhöhle oder Zahnstein geben Hinweise darauf, dass mit dem Gebiss etwas nicht in Ordnung ist. Die Zähne sollten also (unabhängig davon, ob ein Hund schlecht frisst oder nicht) vor allem beim älteren Hund regelmäßig professionell angeschaut und gereinigt werden. Man mag sich gar nicht vorstellen, wie viele Hunde mit dauerhaften Zahnschmerzen rumlaufen müssen, weil die Halter die Zahngesundheit oft leider nicht allzu ernst nehmen.

Gerade beim alten Hund können aber auch nachlassende Sinnesleistungen, hier speziell im Geschmacks- und Geruchssinn, eine Appetitlosigkeit nach sich ziehen. Hinzu kommt, dass auch Hunde bei einer kognitiven Dysfunktion das Fressen teilweise schlichtweg vergessen.

Auch der Zahnwechsel bei Junghunden kann ein Grund für vorübergehendes schlechtes Fressen sein, wenn er mit Schmerzen verbunden ist. Tritt die Mäkeligkeit zu Beginn der Pubertät auf, kann es sein, dass der Hund auch die bisher verfügbare Nahrung, wie eben in diesem Alter alles andere auch, noch einmal hinterfragt und auf Richtigkeit überprüft. Macht in freier Wildbahn auch Sinn, wenn man in dem Alter abwandert, eine eigene Familie gründet, und in ein neues Revier kommt, in dem es unter Umständen eine andere Nahrungsgrundlage gibt.

Natürlich gibt es auch das Modell »gut ist mir nicht gut genug«, womit wir schnell bei der »hausgemachten Mäkeligkeit« sind. Manche Hunde bekommen schlichtweg zu viele Leckereien »links und rechts vom Napf« und verschmähen das schnöde Futter im Napf dann verständlicherweise – würde ich auch, wenn ich die Wahl zwischen frischem Käsekuchen und altem Salat hätte. Und so stellt es sich bei »verwöhnten Fressern« auch oft dar:

Leckereien aus der Hand werden gerne genommen, normales Futter aus dem Napf wird verschmäht. Und Hunde sind, wie wir ja alle wissen, Meister darin, »ihre« Menschen zu erziehen. Wenn man also jedes Mal, wenn der Hund sein eigentliches Fressen nicht mag, mit etwas Besserem ankommt, wird er irgendwann nur noch den Tartar vom Metzger zu sich nehmen.

Unter Umständen wurde aber auch nur die Rezeptur des Futters geändert und es schmeckt ihm nun nicht mehr, oder das Futter ist ranzig, auch zu Ballaststoff-reiche Kost wird meist nicht besonders gerne gefressen.

Ein weiterer, wichtiger Grund aus Verhaltenssicht ist natürlich auch Stress, der im wahrsten Sinne auf den Magen schlagen kann. Durch hormonelle Mechanismen, wie einen erhöhten Blutzuckerspiegel bei Cortisol-Stress, wird Sättigung signalisiert und der Appetit gehemmt. Aber auch Adrenalin und Noradrenalin aus dem Nebennierenmark, Hormone, die im akuten Stress ausgeschüttet werden, sorgen nicht nur dafür, dass Herz und Muskeln optimal durchblutet sind und der Körper Höchstleistungen erbringen kann, sondern auch für eine Fokussierung der gesamten Aufmerksamkeit auf den Stressor. Verdauung ist da unwichtig und ein voller Magen stört nur. Es gilt also, erst mal die Ursache herauszufinden, den Hund medizinisch abzuklären, die Fütterungsgewohnheiten der Halter und die Ration des Hundes zu überprüfen, und auch zu erfragen, ob sich im Leben/Umfeld des Hundes etwas geändert hat, was zu vermehrtem Stress geführt haben könnte.

Der untergewichtige Hund. Natürlich gibt es auch Hunde, die gut fressen, aber trotzdem untergewichtig sind, und die Gründe können auch hier vielfältig sein. So führt zum Beispiel eine Schilddrüsenüberfunktion durch die Fütterung von Schlundfleisch mit einem hohen Anteil an aktiven Schilddrüsenhormonen (genauso wie eine Überfunktion durch ein tumoröses Geschehen) zu einer erhöhten Stoffwechselrate und einem erhöhten Energiebedarf.

Auch Tumorerkrankungen kosten Energie und führen zum Gewichtsverlust. Ein massiver Wurmbefall entzieht dem Körper des Hundes Nährstoffe und kann ebenfalls zum Gewichtsverlust führen. Lassen Sie bei entsprechenden Anzeichen (stumpfes Fell, Hund frisst normal und verliert trotzdem Gewicht) Kotproben Ihres Hundes auf Befall mit Würmern untersuchen oder ihn mit einer Wurmkur behandeln. Auch bei Problemen mit der Bauchspeicheldrüse, der Pankreasinsuffizienz, kommt es zum Gewichtsverlust.

Was tun? Das ist natürlich von der Ursache der Futterverweigerung/des Gewichtsverlustes abhängig. Wird man medizinisch nicht fündig oder eine Behandlung der vermeintlichen Ursache bleibt vergeblich, und passen Rationsgestaltung und Fütterungsmanagement, ist von psychischen Faktoren auszugehen und man sollte natürlich zunächst versuchen, den Stress des Hundes zu reduzieren.

Im Falle des »verwöhnten Hundes« ist es, wie bereits weiter oben angedeutet, nicht zielführend, das Tier mit immer besseren Leckereien zum Fressen zu überreden, weil man sich so den mäkeligen Fresser heranzieht. Dennoch hat Fressen für viele Hunde auch viel mit Lebensqualität zu tun, und wenn der Hund ein Futter partout nicht fressen möchte, sollte man ihm durchaus auch ein- oder zweimal eine Alternative anbieten. Oft ist es nicht hilfreich, das Futter den ganzen Tag zur freien Verfügung zu stellen und zu hoffen, dass der Hund irgendwann frisst. Besser ist es, das Futter mehrmals täglich für 5 Minuten zu präsentieren, es aber bis zur nächsten Fütterung wieder wegzustellen, wenn der Hund es nicht anrührt.

Beim Senior-Hund mit Zahnproblemen sollte man das Futter, wenn man denn Trockenfutter füttert, einweichen. Oft erhöht das die Akzeptanz, vor allem, wenn man warmes Wasser verwendet bzw. die Ration anwärmt. Auch B-Vitamine wirken appetitanregend und können zum Beispiel über Bierhefe zur Akzeptanzsteigerung eingesetzt werden. Viele Hunde lieben den Geschmack und nebenbei enthält Bierhefe auch andere wertvolle Vitamine, Mineralien, Spurenelemente und Aminosäuren.

Um etwas an magere Hunde »ranzufüttern«, muss die Energiezufuhr die benötigte Energiemenge übersteigen. Hier empfiehlt sich ein hoher Fettgehalt, solange es der Hund verträgt und keinen Durchfall davon bekommt. Oft hilft ein langsames Steigern des Fettgehaltes, um die Verträglichkeit zu erhöhen. Auch stärkehaltige Futtermittel eigenen sich, um etwas mehr auf die Rippen eines Hundes zu bekommen.

10.3. (Fr)ess Störungen beim Hund

Pica – Hunde, die auch Steine fressen. Die Pica (nach lat. Pica = Elster) ist eine Störung, bei der Hunde ungenießbare Dinge fressen, wie zum Beispiel Steine, Glasscherben, Papier, Holz etc. – es gibt erstaunliche Sammlungen an Fremdkörpern, die Kollegen aus Hunden herausoperiert haben. Dass das ein großes Gesundheitsrisiko darstellt, weil ein Darmverschluss immer potenziell tödlich ist, dürfte klar sein. Bei der Pica handelt es sich also im Gegensatz zur Anorexie oder Bulimie des Menschen nicht um eine quantitative, sondern um eine qualitative Fressstörung.

Auslösende Faktoren. Es gibt keine einheitliche Erklärung für dieses Verhalten, sondern ganz verschiedene Auslöser; sie muss keineswegs rein psychischer Natur sein. Medizinische Auslöser können beispielsweise Hirnschädigungen (z.B. Schädel-Hirn-Trauma) oder ein Mangel an Nährstoffen sein. Damit wäre die Pica unter bestimmten Bedingungen dann ein rein somatisches Problem und beispielsweise als instinktives Suchen von mineralhaltigen Substanzen bei einem Mineralienmangel zu interpretieren. Der erste Schritt wäre also stets, rein körperliche Ursachen auszuschließen.

Ein Grund für die Entstehung einer Pica kann tatsächlich auch ein fehlendes Sättigungsgefühl sein, aber sie kann sich auch durch Spiel, Erkundungsverhalten oder das Fehlen geeigneter Materialien für das Kaubedürfnis manifestieren und leider schnell durch Erlernen und Wiederholungen zu einem gewohnheitsmäßigen Verhalten werden. Aber auch Ängste, bei denen das Kauen an Gegenständen zunächst der Beruhigung dienen soll, können zum Abschlucken der Objekte und einem erlernten Verhalten führen.

Nicht zuletzt kann die Pica auch eine Manifestation einer echten OCD (Obsessive-Compulsive Disorder, bitte nicht verwechseln mit Osteochondrosis dissecans!), einer Zwangsstörung sein. Zwangsstörungen unterscheiden sich von stereotypem Verhalten, aber beide kann man unter dem Begriff der abnormal repetitiven Verhaltensweisen (ARV) zusammenfassen. In der Humanmedizin wird die Zwangsstörung als das Wiederholen bestimmter Verhaltensziele (»das Ziel ist das Ziel«), das stereotype Verhalten als das abnormale Wiederholen bestimmter Verhaltensmuster (»Der Weg ist das Ziel«) bezeichnet (American Psychatric Association 2003).

Zwangsstörungen kann man als eine Manifestation von Angst und Stress sehen, die das individuelle Tier nicht anders kontrollieren kann, sie sind also zunächst ein Coping-Mechanismus. Auch gibt es genetische Dispositionen für Zwangsstörungen, wie zum Beispiel beim Flanken-Saugen des Dobermanns. Begünstigend für die Entstehung sind ein Aufwachsen in inadäquaten Bedingungen, eine reizarme Aufzucht, Stress und Angst. Auch zum Beispiel eine Schilddrüsenunterfunktion kann die Entstehung begünstigen. Aktive Tiere neigen eher zur Entwicklung dieser Störung, die sich ebenso aus einer zunächst als Stressantwort dienenden Übersprungshandlung heraus entwickeln kann.

Allerdings soll hier der Vollständigkeit halber auch erwähnt werden, dass die Abgrenzung neurologischer Erkrankungen, wie der idiopathischen Epilepsie, und einer OCD nicht immer zweifelsfrei gelingt und man beim Verdacht auf eine OCD den Patienten erst einmal auch neurologisch auf links krempeln sollte.

Binge Eating: Ein Fall für das Guinnessbuch der Rekorde? Eine interessante und zum Teil dramatische (Fr)Essstörung ist neben dem Pica-Syndrom das so genannte Binge Eating. Binge Eating oder Binge-Eating-Störung (BED, englisch Binge Eating Disorder, vom englischen binge = Gelage) ist eine (Fr)Essstörung, bei der es zu periodischen Heißhungeranfällen (Essattacken, umgangssprachlich auch »Fressattacken« oder »Fressanfällen«) mit Verlust der bewussten Kontrolle über das Essverhalten kommt, sodass längerfristig meist Übergewicht die Folge ist. Während beim Menschen etliche Untersuchungen zu diesem Krankheitsbild vorliegen, sind für den Hund zurzeit kaum Daten vorhanden.

Sonderfall Koprophagie. Als Koprophagie bezeichnet man das Fressen von eigenem oder fremdem Kot. Zunächst ist das ein für Caniden vollkommen normales Verhalten, da auch Kot noch eine hohe Energiedichte hat und Nährstoffe enthält, und es schichtweg Verschwendung wäre, ihn einfach liegen zu lassen. Vermutlich spielt auch das Nachahmungslernen von der Hündin eine Rolle, da diese ja in den ersten Wochen die Haufen der Welpen frisst, um die Wurfkiste sauber zu halten. Bei Jungtieren scheint der Kot auch den Aufbau einer gesunden Darmflora zu begünstigen. Für diese These spricht ebenfalls, dass viele Junghunde das Verhalten zeigen, es aber mit zunehmendem Alter von selbst (oder durch fortschreitende Erziehung) einstellen. Nicht zuletzt enthält Kot zudem flüchtige Fettsäuren, die für Hunde schlichtweg wohlriechend sind. Auch die roten Haufen von Hunden, die die »verpönten roten Kringel« bekommen, scheinen für viele Artgenossen unwiderstehlich zu sein, was vermutlich an diversen enthaltenen Duftstoffen liegt.

Auch »Scheiß am Stil« ist offenbar für viele Hunde, die das Verhalten normalerweise nicht zeigen, in kalten Wintern absolut verlockend. Eventuell ist eine Ursache im gesteigerten Energiebedarf zur Aufrechterhaltung der Körpertemperatur zu sehen? Oder es schmeckt einfach ...

Auch gibt es Hunde, die im Stress vermehrt Haufen fressen, oder die gelernt haben, dass sie durch nichts so schnell die volle Aufmerksamkeit ihres Halters bekommen, wie wenn sie sich genüsslich über einen Haufen hermachen. Aber auch die Koprophagie kann zwanghaft sein – es gibt Hunde, die an keinem Haufen vorbeilaufen können, ohne ihn zu inhalieren. So wurde mir

auf einem Seminar von einem Hund berichtet, der ausschließlich beim Mantrailing dieses Verhalten zeigt, und das laut Aussage der Halterin mit einem durchaus »zwanghaftem Gesichtsausdruck«. An dieser Stelle bleibt zu vermuten, dass das Trailen (zumindest so, wie es dort offenbar gemacht wird) für diesen Hund nicht die richtige Auslastungsform ist.

Und dann gibt es noch Hunde, die speziell nach starker körperlicher Belastung gerne mal ein Häufchen zu sich nehmen – was für einen Nährstoffmangel, der ja auch oft postuliert wird, sprechen könnte. Das wurde allerdings bisher in keiner Untersuchung bestätigt.

Ebenso kann die Koprophagie ein Symptom einer Bauchspeicheldrüsenerkrankung (chronische Pankreasinsuffizienz) oder eines Befalls mit Parasiten sein, weswegen das auf jeden Fall abgeklärt werden muss. Ernst zu nehmen ist die Koprophagie, wenn sie länger anhält. Aus oben genannten Gründen ist der Patient zunächst medizinisch abzuklären, auch sollte man abklopfen, ob der Hund zum Beispiel unter schlechten hygienischen Bedingungen lebt (unsauberer Zwinger) und die Bedingungen optimieren. Bei den meisten Hunden lässt sich das Problem durch Erziehung beheben oder verschwindet mit zunehmendem Alter von allein. Sollte das nicht der Fall sein und psychische Ursachen zu Grunde liegen, sollten verhaltenstherapeutische Schritte eingeleitet werden.

CAVE! Kotfressen kann bei Hunden mit MDR1-Gendefekt (vor allem britische Hütehunde) bereits bei der einmaligen Aufnahme kleiner Mengen lebensgefährlich sein, wenn es sich um die Hinterlassenschaften frisch entwurmter Tiere handelt, da die darin enthaltenen Medikamente bei betroffenen Hunden problemlos die Blut-Hirn-Schranke passieren und zu Vergiftungen führen können.

Und was ist mit Grasfressen? Ist der Hund die Kuh des kleinen Mannes? Fast jeder Hundehalter kennt das Bild von grasenden Hunden, meine Vier stehen oft wie eine Herde Fleckvieh auf der Wiese und grasen genüsslich vor sich hin. Mein Mitautor erlebt es mit seinen vier Border Collies genauso!

Theorien zum Grasfressen von Hunden gibt es jede Menge, aber um es gleich vorwegzunehmen: bestätigt hat sich bisher keine. Eine ältere Erhebung des Instituts für Tierernährung der Tierärztlichen Hochschule Hannover hat ergeben, dass es zumindest DEN Grund für das Grasfressen nicht gibt. Faktoren wie Rasse, Geschlecht oder Alter haben keinen bedeutenden Einfluss auf dieses Verhalten, und auch Umwelteinflüsse wie Haltung, Futterart, Fütterungstechnik, Krankheit und Witterung beeinflussen diese Eigenart kaum. Auch der alte Volksglaube, dass sich das Wetter ändert, wenn Hunde Gras fressen – oder Hunde Gras fressen, wenn sich das Wetter ändert – ist also haltlos.

Ein weiterer Mythos besagt, dass das Gras Hunden als Brechmittel dient, um den Magen »zu reinigen« und Knochenstücke oder ein Zuviel an Magensäure ausscheiden zu können, aber auch dafür gibt es keine Hinweise. Denn laut einer Studie von S.J. Bjone der Universität Neu England in Australien konnten bei insgesamt 1399 geprüften Grasfress-Aktionen lediglich sechs sich übergebende Hunde verzeichnet werden. Dies belegen auch zahlreiche weitere Studien, in denen sich Forscher und Tierärzte diesem Thema gewidmet haben.

Ebenso wenig konnte bestätigt werden, dass ein Mangel an Ballaststoffen zum Grasfressen führt, oder die Grasaufnahme der Substitution von Vitaminen oder Mineralien dient. Denn um einen Mangel zu beheben, müssten die Hunde regelmäßig Gras fressen, was aber keiner der Hunde in der genannten Studie tat. Die Mengen an Gras, die Hunde fressen, würden dafür auch nicht ausreichen. Außerdem wurde das Grasfressen auch bei ausgewogen ernährten Hunden beobachtet, was dieser Theorie widerspricht.

Warum unsere Hunde, wie übrigens auch Wölfe, hin und wieder auf diese vegetarische Kost zurückgreifen, bleibt also rätselhaft. Manchmal kann man das Fressen von Gras als Übersprungshandlung beobachten, ähnlich einem verlegenen Kratzen hinterm Ohr oder einem Gähnen. Oft scheint es auch mit Nachahmung und Stimmungsübertragung zu tun zu haben, wenn wir jeweils an unsere fantastischen Vier denken. Wenn einer anfängt, sind alle mit Begeisterung dabei, solange es sich um zartes, junges Gras handelt. Und manchmal bleibt beim Anblick genüsslich grasender Hunde schlichtweg der Gedanke, dass es ihnen einfach Spaß macht und offenbar auch richtig gut schmeckt.

Solange der Hund sonst gesund ist, und es kein übermäßiges Ausmaß annimmt, steht dem grünen Vergnügen jedenfalls nichts im Wege! Wenn Sie aber das Gefühl haben, dass mit Ihrem Hund etwas nicht in Ordnung ist, sollten Sie ihn natürlich dem Tierarzt vorstellen.

Was tun? Das ist natürlich von der Ursache des Problems abhängig! Zunächst sollte vermieden werden, dass der Hund weiter für ihn schädliche Gegenstände aufnehmen kann, das heißt: Aufräumen ist angesagt. Bei manchen Hunden wird nur ein Maulkorb zuverlässig das weitere Fressen von Fremdkörpern verhindern können. Bei einer echten Zwangsstörung gilt es zunächst, die Auslöser zu identifizieren und zu vermeiden, Stressoren zu erkennen und Stress zu reduzieren, und außerdem hohe Erregungslagen beim Hund, die ein Auslöser sein können, zu verhindern. Auch der Halter sollte im Umgang damit geschult werden, denn sowohl ein unangemessenes Strafen als auch ein übertriebenes Beruhigen kann kontraproduktiv sein. Weitere Aspekte sind ein möglichst planbarer und strukturierter Tagesablauf für den Hund, eine adäquate geistige und körperliche Auslastung (weder zu viel, noch zu wenig), das Erlernen von Entspannung und die Gegenkonditionierung/das Antrainieren eines Alternativverhaltens. Auch eine lebenslange medikamentöse Therapie kann notwendig sein. Auf jeden Fall ist beim Verdacht auf eine OCD ein verhaltenstherapeutisch arbeitender Tierarzt oder ein kompetenter (!) Trainer hinzuzuziehen!

11. VERHALTENS-BEEINFLUSSUNG durch die Fütterung?

11.1. Proteine/Tryptophan

Aus der Sicht eines Fleisch-Allesfressers (Carni-Omnivor), stellen Proteine als Hauptbestandteil des Fleisches (z.B. ca. 25 % im Rindfleisch, im Vergleich 2 % in der Kartoffel) einen wichtigen Anteil in der Ernährung des Hundes dar. Der Proteingehalt wird seitens der Halter häufig als Qualitätshinweis für ein gutes Futter für ihren Hund angesehen und war auch im Hinblick auf die Verhaltensbeeinflussung des Hundes über die Ernährung der erste wissenschaftliche Ansatz[4]. Inzwischen ist weit mehr bekannt als nur die Varianz in der Gesamtmenge an Proteinen (18), so sind auch in der Hundeernährung die kleineren Bausteine des Proteins, die Aminosäuren und deren Verteilungsmuster, immer mehr in den Fokus gerückt und stellen dabei in ihren variierenden Mengenverhältnissen einen Ansatz für potenzielle Verhaltensbeeinflussung dar.

Der aktuelle Wissenstand legt nahe, dass nicht der Gesamt-Proteingehalt relevant für eine Beeinflussung von Verhalten und neuronaler Aktivität ist, sondern vielmehr das Aminosäurenmuster. Die Basis an fundierten Nachweisen für den Hund (allerdings auch für den Menschen)

Abbildung 21

Auch beim alten Hund ist ein ausgewogener Serotonin-Spiegel wichtig.

ist weiterhin sehr klein. Der wissenschaftliche Fokus wurde hierbei in der Vergangenheit vor allem auf die Auswirkungen von Variationen im Tryptophan-Gehalt der Nahrung gelegt. Und das kommt daher:

Depressionen und Burn-out? Schnelle Hilfe mit Tryptophan-Substitution? Noch vor einigen Jahrzehnten gab es in den USA Gegenden, die waren – aus ernährungswissenschaftlicher Sicht – etwas Besonderes. Die Menschen, die dort lebten, ernährten sich sehr viel von Mais. Milchprodukte jeglicher Art dagegen standen relativ selten auf dem Speiseplan, ebenso wenig Fleisch. Das Bedenkliche an dieser einseitigen Ernährung: Mais enthält wenig Tryptophan, das gilt übrigens auch für andere bei uns verbreitete Getreidesorten (zum Vergleich Fleisch, egal ob weißes (Pute) oder rotes (Rind, Lamm) 300 mg und Getreide 180 mg pro 100 g, Durchschnittswerte). Rund 100.000 Menschen starben in diesen Gegenden jedes Jahr im Zusammenhang mit dieser charakteristischen Mangelernährung (so genannte Pellagra).

Doch damit nicht genug. Es fiel auch auf, dass in diesen Gegenden außergewöhnlich viele Gewalttaten und Morde verübt wurden. Erst Jahre später wurde in Tierexperimenten der Zusammenhang erkennbar. Wurden Ratten und Mäuse auf Tryptophan- und Vitamin-B-Entzug gesetzt, wurden sie hyperaggressiv. Heute wissen wir den Grund dafür: Ein Mangel an Tryptophan ist schuld an der Aggressivität und der schlechten Laune. Diese Vitalstoffe braucht der Körper nämlich, um Serotonin herzustellen: ein Hormon, das ausgeglichen und leistungsfähig macht und damit die Auswirkungen der Kaskade Stress → Depression → Burn-out mildert. Schätzungen besagen, dass von 100 % der Tryptophan-Moleküle, die über die Blut-Hirn-Schranke in das Gehirn gelangen, nur 1 % in Serotonin umgewandelt werden. Die Aminosäure wandelt sich jedoch nicht nur in das Glückshormon Serotonin um, sondern beispielsweise auch in das lebenswichtige Niacin, besser bekannt als Vitamin B3. Deswegen bezeichnet man die oben erwähnte Pellagra-Krankheit auch als Hypovitaminose, also als Vitaminmangelerkrankung. Bei niedrigem Serotonin-Spiegel im Gehirn wird auch die Melatonin-Bildung gehemmt (Tag-Nacht-Rhythmus). Ein Symptom dabei, das bei den Betroffenen vielfach beobachtet wurde, war Depression. Man ist sich heute unter den Experten einig, dass es ähnliche psychische Erkrankungen wie Depression und Burn-out auch beim Patienten Hund gibt, aber die Meinungen, wie dieses diagnostiziert und von anderen Krankheitsbildern, wie z.B. der kognitiven Dysfunktion, abgegrenzt werden kann, gehen leider weit auseinander.

Serotonin ist als Botenstoff maßgeblich an der Fähigkeit zur Impulskontrolle beteiligt.

Wenn man einfach denkt, man könne durch entsprechende Proteinfütterung logischerweise die Serotonin-Konzentration im Gehirn fördern, lässt man einen wichtigen Gesichtspunkt außer Acht. So scheint es von enormer Bedeutung zu sein, dass das Verhältnis von Tryptophan zu anderen so genannten neutralen Aminosäuren eine bedeutende Rolle an der Blut-Hirn-Schranke spielt. Es wird davon ausgegangen, dass der Effekt eines geringeren Proteingehalts, wie oben angesprochen, sich dadurch erklären lässt, dass die psychotrope Aminosäure Tryptophan an der Blut-Hirn-Schranke mit anderen Aminosäuren um spezifische Transportsysteme konkurriert, sodass bei geringerem Proteingehalt eine geringere Konkurrenzsituation mit Tyrosin, Phenylalanin, Leucin, Isoleucin und Valin vorliegt und durch die als Konsequenz mögliche Erhöhung von Tryptophan im zentralen Nervensystem eine vermehrte Serotoninsynthese stattfindet. Diese Hypothese wird durch die Tatsache gestützt, dass bei kohlenhydratreichem Futter der Insulinpegel im Blut steigt. Insulin vermindert die Menge an konkurrierenden Aminosäuren im Blut im Verhältnis zum Tryptophanspiegel. Das Tryptophan kann somit effizienter in das Gehirn transportiert werden, und der Serotoninspiegel steigt an. Aber Vorsicht, gemessen hat dies beim Hund bislang niemand!

Es gibt einige, allerdings wenige Untersuchungen, bei denen sich bei proteinarmer Fütterung mit zusätzlichem Tryptophan-Zusatz eine Verbesserung von angstbedingten Verhaltensweisen wie territorialer Aggression zeigten. Im Vergleich zu der Fütterung ohne Tryptophan-Zusatz wurden in den genannten Untersuchungen allerdings auch Dominanzaggressionen bei diesmal proteinreicher Fütterung mit Zusatz von Tryptophan besser.

Es fehlt einfach an »harten« Daten, um diesbezüglich zu einem validen Ergebnis zu kommen.

Es deutet sich zumindest aber an, dass eine Kombination mit anderen Substanzen oder Proteingehalten als vielversprechender im Hinblick auf die Fragestellung der Verhaltensbeeinflussung anzusehen ist und hier noch eine Vielzahl von Möglichkeiten in Zukunft wissenschaftlich validiert werden kann. Manche Futtermittelhersteller haben die Idee aufgenommen und vermarkten z.B. ein Alleinfuttermittel (Diätfuttermittel), welches einen Tryptophan-Zusatz und das als Ergänzungsfuttermittel zugelassene Alpha-Casozepin enthält, um Stresseffekte, gemessen an der Speichel-Cortisol-Konzentration, zu vermindern.

Fazit: **Proteine**

Erste Ergebnisse wissenschaftlicher Studien sind kontrovers. Es mangelt bei der Beurteilung der Wirksamkeit des Tryptophan-Zusatzes ganz wesentlich an Studien, welche das Verhältnis von Tryptophan zu den anderen großen, neutralen Aminosäuren darstellen. Aber auch an Untersuchungen, die die Abbaurate von Tryptophan vergleichend darstellen können und den Einfluss anderer Parameter wie Kohlenhydratgehalt und Beeinflussung durch Fettsäuren in der Nahrung beurteilen lassen. Im Ergebnis scheint jedoch über den Serotonin-Stoffwechsel und Tryptophan, als einem ernährungsphysiologischen Vorläufer von Serotonin, ein »Verdächtiger« für genaueres »Draufschauen« vorzuliegen (Abb. 22).

In der Humanmedizin wird Serotonin häufig als »Glückshormon« bezeichnet. Auch in dem bisher deutlich weniger untersuchten Bereich der Hyperaktivitätsforschung beim Hund scheint Tryptophan und sein Metabolismus eine Rolle zu spielen[19]. Für Tyrosin, ein anderer potenzieller Aminosäurekandidat (Ausgangsaminosäure für die Bildung von Dopamin), gibt es dagegen derzeit weder über die Studien mit Ratten hinausgehende Hinweise auf eine Einflussnahme über die Nahrung am Verhalten oder neuronalen Prozessen, noch wurden Studien zur Überprüfung beim Hund für diesen Text gefunden[72].

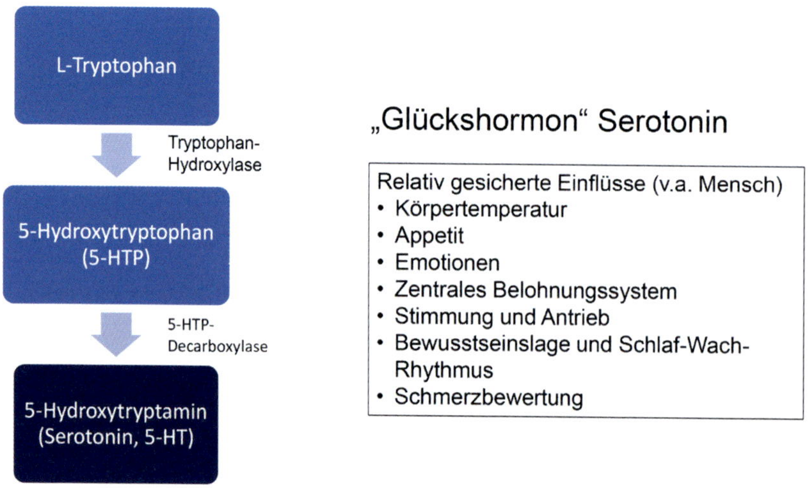

Abbildung 22: Biosynthese – Weg von Serotonin.

11.2.
Fette und Fettsäuren

Fette, häufig in Form von Ölen, gehören zu den am häufigsten zusätzlich durch den Besitzer hinzugefügten Bestandteilen im Futter. Inzwischen ist viel über ihre Relevanz im physiologischen Stoffwechsel bekannt. Der Hundehalter ergänzt sie jedoch häufiger insbesondere für ein schön glänzendes Fell. Dabei gehört doch das Gehirn nach dem Fettspeichergewebe zu den Körperregionen mit dem höchsten Anteil an »Fett«, sodass ihm auch beim Ablauf vieler neurologischer Prozesse ein nicht unbedeutender Anteil zukommt. In einer älteren Übersichtsarbeit wurde publiziert, dass bei Nagetieren im Laborversuch ein Mangel an Omega-3-Fettsäuren die Lernfähigkeit und Kognition (= Sammelbezeichnung für die geistige Aktivität von Mensch und Tier wie Wahrnehmung und Aufmerksamkeit, für Gedächtnis, Denken und Problemlösen, für Lernen sowie für Sprachverstehen und Sprachproduktion bzw. Lautäußerungen, deren Interpretation und einhergehende Körpersprache) verbessert sowie Aggressionswerte steigert und umkehrt eine Konzentrationserhöhung von n-3-Fettsäuren die Konzentrationsfähigkeit steigert und die Aggressionsschwelle senkt.

Belastbare Studien bezüglich des Einflusses von Nahrungsfett auf das Verhalten gab es im Bereich der Hunde lange Zeit nicht. Der Einfluss von Fettsäuren auf Entzündungsgeschehen z.B. im Gelenk soll hier nicht besprochen werden, es geht um Verhalten! Vor einigen Jahren wurde zumindest auf die Wirkung der Docosahexaensäure (DHA) und Eicosapentaensäure (EPA) während der Trächtigkeit und in der Welpen-Entwicklung geschaut. In neuerer Zeit wurde der Effekt von Fetten und seinen Bestandteilen in der Nahrung für Hunde bei kognitiver Dysfunktion im Alter als Modell für die Alzheimer Forschung betrachtet. In den Fokus rückten hierbei insbesondere die ungesättigten Omega-3- und Omega-6-Fettsäuren (einschließlich DHA und EPA) sowie insbesondere deren Verhältnis zueinander[73].

Wenn überhaupt relevant, werden Effekte in der Epilepsie-Forschung beschrieben. Bereits vor zehn Jahren wurden des Öfteren Fallberichte veröffentlicht, in denen eine Omega-3-Fettsäuren Anreicherung des Futters als »Add-On« eine Verminderung der Anfallshäufigkeit zeigte[74]. Aktuelle Veröffentlichungen untersuchten erstmals in wissenschaftlich protokollierten Versuchsaufbauten den Einfluss von mittelkettigen Fettsäuren auf den Einfluss bei Epilepsie, wo schon seit Jahren die Empfehlung bezüglich »Add-Ons« besteht. Die bisher relativ ermutigenden Studienergebnisse über einen Einfluss auf die Epilepsiesymptomatik, lassen darauf schließen, dass die mittelkettigen Fettsäuren inklusive Omega-3- und Omega-6-Fettsäuren auch in der Verhaltenstherapie Ansätze für weitere Untersuchungen begründen könnten.

Es gibt somit interessante Hinweise darauf, dass mehrfach ungesättigte mittelkettige Fettsäuren oder direkter, separater Zusatz von DHA und EPA die Lerneffizienz begünstigen und altersbedingte Verhaltensauffälligkeiten verbessern können. Bei letzterem ist davon auszugehen, dass die bisher leider nur mit kleinen Labortieren gewonnenen Erkenntnisse, nämlich dass ein Omega-3-Fettsäuremangel den Stoffwechsel von Dopamin und Serotonin im Gehirn verändern kann, ebenfalls auf den Hund zu übertragen ist[75].

Die derzeitige Studienlage lässt darauf schließen, dass ein hoher Fettgehalt, welcher auf

Gelassene Hunde, auch dank typgerechter Ernährung.

einem hohen Anteil von mehrfach ungesättigten (größtenteils mittelkettigen) Fettsäuren in der Nahrung beruht, bei jungen und älteren Hunden signifikante Unterstützung im Lernverhalten und bei gesundheitlichen Problemen wie der caninen kognitiven Dysfunktion darstellen kann.

Fazit: **Fette und Fettsäuren**

Eine Verbesserung der kognitiven Fähigkeiten wird in Studien mit unterschiedlichen Mengen an mittelkettigen, mehrfach ungesättigten Fettsäuren im Rahmen des Gesamtgehaltes zwar beschrieben, jedoch scheint ein steigender Anteil sich auch irgendwann limitierend auf die Akzeptanz der Futtermittel auszuwirken[76]. Weiterhin deuten relativ aktuelle Befunde darauf hin, dass im Zusammenhang mit dem Gehalt an ungesättigten Fettsäuren in der Nahrung auch eine Veränderung im Aggressionsverhalten entstehen kann. Es wurde beschrieben, dass Hunde, die mit aggressivem Verhalten auffällig geworden sind, einen geringeren DHA-Serumstatus und ein eher ungünstiges Omega-3- zu Omega-6-Verhältnis, verglichen mit Hunden, die zuvor nicht durch aggressives Verhalten auffällig wurden, aufwiesen[75]. Auf hormoneller Ebene hat sich gezeigt, dass infolge einer

Fischölsupplementierung der Testosterongehalt bei Rüden anstieg. Es ist davon auszugehen, dass Hunde mit einem höheren Testosteronspiegel nach Fischölzusatz ebenfalls einen höheren DHA-Serumspiegel aufweisen (= DHA- und EPA-Serumstatus nach Zufütterung von Öl erhöht)[77]. Das könnte bedeuten, dass die Tiere zum einen durch einen höheren Testosteronspiegel selbstsicherer sind und zum anderen durch einen verbesserten Metabolismus von Serotonin und Dopamin eine bessere Adaption in Situationen mit kognitiver Anpassungsanforderung aufweisen. Wenn wir davon ausgehen, dass Hunde manchmal unsicherheitsbedingte, beispielsweise territoriale Aggression, zeigen, könnte hierbei durch Zusatz von mehrfach ungesättigten Fettsäuren wie DHA potenziell eine Besserung des Problemverhaltens erzielt werden. Es muss aber explizit darauf hingewiesen werden, dass es sich hierbei zunächst nur um Annahmen handelt. Es gibt verhaltenen Optimismus hinsichtlich der Verwendung mehrfach ungesättigter Fettsäuren und auch gesättigter, mittelkettiger Fettsäuren in Fällen von Verhaltensveränderungen und Verhaltensauffälligkeiten wie Übererregbarkeit, plötzlich auftretender Aggression oder Angststörungen. Einige seriöse Daten in Bezug auf Hunde kommen aus dem Bereich der Epilepsie-Forschung[78].

Wichtige essenzielle Fettsäuren beim erwachsenen Hund

Hunde benötigen Omega-3- und Omega-6-Fettsäuren aus dem Futter, da ihr Körper diese Moleküle selbst nicht bilden kann. Kettenlänge und Lage der ersten Doppelbindung bestimmen die Hauptfunktion der Fettsäure im Stoffwechsel.

Name (Abkürzung)	Kettenlänge : **Anzahl** der Doppelbindungen	**Lage** der ersten Doppelbindung
Linolsäure (LA)	18 : 2	Omega-6
Alpha-Linolensäure (ALA)	18 : 3	Omega-3
Arachidonsäure (AA)	20 : 4	Omega-6
Eicosapentaensäure (EPA)	20 :5	Omega-3
Docosahexaensäure (DHA)	22 : 6	Omega-3

Frustrationstoleranz ist nicht jederhunds Sache.

11.3. Kohlenhydrate

Es wird viel diskutiert unter den Schlagworten »No carb«, »Low carb« oder »High carb« Diät, dabei kann man zusammenfassen, dass Hunde gar keinen spezifischen Bedarf an Kohlenhydraten haben, aber wir betrachten hier ja nicht die Kohlenhydrate aus der Sicht der Kilokalorien sondern in ihrer Rolle als funktionelle Kohlenhydrate, wie z.B. die vielen Flavonoide und antioxidativ oder präbiotisch wirkende Substanzen. Präbiotika (auch Prebiotika) sind »unverdauliche Lebensmittelbestandteile wie Kohlenhydrate, die ihren Wirt günstig beeinflussen, indem sie das Wachstum und/oder die Aktivität einer oder mehrerer Bakterienarten im Dickdarm gezielt anregen und somit die Gesundheit des Wirts verbessern«. Da könnte es sich ja durchaus lohnen, in der Literatur auf die Stichworte »Kohlenhydrate, Verhalten, Hund« zu schauen.

Umso enttäuschter wird man über die geringe Ausbeute an nachvollziehbaren Daten sein. Eine Studie sieht Hinweise auf ein Energiedefizit bei Kalorienrestriktion, die mit geringerer Gesamtaktivität und Verhalten wie Kratzen und Benagen von Gegenständen einhergeht[79]. Miller et al. untersuchten die Kohlenhydrat-Aufnahme vor Ausführung aktiver kognitiver Arbeit[80, 81]. Dies führte bei den Versuchshunden zur messbaren Verbesserung der Gehirnleistung (höherer Blutglucosespiegel = aktivierte neuronale Aktivität?), eine längere Konzentrationsfähigkeit und geringere Risikobereitschaft. Vielmehr ist über die Effekte der Kohlenhydrate auf das Verhalten beim Hund bislang nichts bekannt.

Und was ist mit der Impulskontrolle? Auch wird immer wieder diskutiert, dass die Selbstbeherrschung abhängig von Kohlenhydraten sei. Lange wurde vermutet, dass der »Vorrat an Impulskontrolle« begrenzt ist und mit der Verfügbarkeit von Glucose zusammenhängt. Der Theorie zufolge verbraucht die Fähigkeit zur Kontrolle von Impulsen Glucose und ist damit irgendwann erschöpft bzw. kann bei niedrigem Blutzuckerspiegel nicht mehr ausgeführt werden. Dass eine ausreichende Versorgung mit Glucose für alle Hirnfunktionen essenziell ist, steht außer Frage. Aber wie schaut es konkret mit der Impulskontrolle aus?

Zunächst führt auch körperliche Anstrengung zu einem abfallen Blutglucosespiegel, dennoch haben Hunde, nachdem sie sich z. B. eine Stunde am Fahrrad ausgepowert haben, nicht per se eine schlechtere Impulskontrolle, was aber der Hypothese nach der Fall sein müsste. Natürlich sind spezifische mentale Leistungen mit erhöhter Aktivität in bestimmten Hirnregionen verbunden und gehen auch mit einem höheren Energieverbrauch einher, aber der Energiebedarf des Gehirns steigt dabei höchstens um etwa ein Prozent an, was vernachlässigbar ist und auf den Blutglucosespiegel keinerlei Einfluss hat.

Auch haben Untersuchungen an Beagles gezeigt, dass eine Gruppe, die Kohlenhydratfrei ernährt wurde, keine niedrigeren Glucosespiegel hatte, als die Gruppe, die ausreichend Kohlenhydrate in der Ration hatte. Wir halten also an dieser Stelle fest, dass Hunde genug Möglichkeiten haben, den Blutzuckerspiegel auch ohne Kohlenhydrate und nur durch Fette und Protein aufrechtzuerhalten (Gluconeogenese). Die Fähigkeit zur Impulskontrolle scheint also entgegen anders lautender Gerüchte in keinem direkten Zusammenhang mit dem Glucosespiegel zu stehen. Eventuell spielt aber der süße Geschmack von Glucose und anderen Zuckern eine Rolle, denn wenn Menschen ein süßes Getränk angeboten wird, das sie aber nur zum Mundspülen und Wiederausspucken bekommen, steigert das – obwohl nichts abgeschluckt ins Blut bzw. das Gehirn aufgenommen wurde – dennoch ihre Fähigkeit, Impulse beherrschen zu können. Auch bei Hunden kommen Untersuchungen zu einem ähnlichen Ergebnis: Hier bekamen Hunde, die sich zuvor bei einer Aufgabe verausgabt hatten, jeweils entweder Glucose, Fructose oder einen Süßstoff, und mussten danach erneut ein Intelligenzspiel für Hunde lösen. Die Gruppe, die Glucose oder Fructose bekam, schnitt am Ende besser ab. In diesem Zusammenhang ist aber interessant, dass die Fructose im Gegensatz zur Glucose erst sehr viel später ins Gehirn gelangt und dort »wirken« kann. Das legt die Vermutung nahe, dass es eben ausschließlich der süße Geschmack auf der Zunge ist, der die Verbesserung bringt – vermutlich, weil er die Motivation steigert[82].

11.4. Melatonin

Das Hormon Melatonin ist eine Art Taktgeber der »inneren Uhr« des Säugers und für die Steuerung des Tag-Nacht-Rhythmus verantwortlich. Vorstufe ist die Aminosäure L-Tryptophan aus der über Zwischenstufen und Serotonin das Melatonin im Körper entsteht (Abb. 6). In der Humanmedizin findet Melatonin Einsatz bei Schlafstörungen insbesondere bei älteren Menschen. Auch für den Hund wird die Verwendung beispielsweise bei Unruhe durch Geräuschangst probiert. Aber in Deutschland ist zurzeit kein zugelassenes Tierarzneimittel oder Ergänzungsfuttermittel erhältlich.

Melatonin fördert die Entspannung von Hunden.

Der Neurotransmitter Melatonin wird in der Epiphyse bzw. Zirbeldrüse (Abb. 8) unter Mitwirken von Co-Faktoren aus Serotonin gebildet und ist ein biogenes Amin. Die Ausschüttung von Melatonin ist Tageslicht abhängig und unterliegt dabei nicht nur einer circadianen Rhythmik, sondern zeigt auch Varianzen im jahreszeitlichen Verlauf. Dabei wird die Melatonin-Synthese durch Tageslicht gehemmt und bei Dunkelheit angeregt. Rezeptoren für Melatonin befinden sich am Hypothalamus, an thermoregulatorischen Zellen des Hirnstammes, in zerebralen Blutgefäßen und in Bereichen der Immunabwehr.

Beim Menschen wird Melatonin z.B. bei Einschlafstörungen oder Jetlags sowie in höherer Dosierung auch bei gravierenderen Schlafstörungen eingesetzt. Hierbei findet der Einsatz zumindest in Deutschland überwiegend bei älteren Menschen statt. Über die Wechselwirkung von Melatonin und Sexualhormonen ist nur wenig bekannt. Generell ist der Einsatz von Melatonin als strittig anzusehen. In Nordamerika ist Melatonin als Nahrungsergänzungsmittel für den Einsatz beim Menschen auch in höheren Dosierungen frei erhältlich. Auch in Deutschland sind Präparate, aber mit wesentlich geringeren Melatoningehalten, z.B. im Drogeriefachhandel, frei erhältlich. Das Bundesinstitut für Arzneimittel und Medizinprodukte (BfArM) betonte in der Vergangenheit regelmäßig, dass es sich bei Melatonin in Deutschland um ein Arzneimittel und nicht um ein Nahrungsergänzungsmittel handelt. Es gibt zum Kenntnisstand der Recherchen für dieses Buch kein für Tiere zugelassenes Präparat mit Melatonin in Deutschland.

Eine frühe Beschreibung des Einsatzes von Melatonin beim Hund wurde vor gut zwanzig Jahren erstmals in einem Fallbericht beschrieben[83]. Dort wurde Melatonin relativ erfolgreich verabreicht, bei dem Versuch, Geräuschangst zu mindern. Diese Initialstudie hat in der Folge zu einigen interessanten weiteren Untersuchungen geführt, sodass aktuell auch in einigen pharmakologischen Nachschlagewerken Melatonin für den Einsatz bei Angststörungen und auch bei altersbedingter Unruhe beim Hund erwähnt wird[84].

Eine aktuelle Veröffentlichung berichtet über den Einsatz von Melatonin zur Reduktion von Stress und damit verbundener Verringerung der Verwendung von Analgetika und Sedativa während stationärer Aufenthalte von Hunden und auch Katzen[85]. Die Studie weist darauf hin, dass es derzeit keine gesicherten Erkenntnisse über den Einsatz von Melatonin zur Schlafförderung bei Hunden gibt. Es wird gewarnt, dass die Wirkung von Benzodiazepinen (sedativ und anxiolytisch wirkende

Arzneistoffe) verstärkt werden könne und bei neurologischer Klinik muss auf depressive Anzeichen geachtet werden, auch wenn eine derartige Klinik beim Hund bislang wenig erforscht ist. Dagegen sind Nebenwirkungen wie Sedierung oder Veränderungen der Sexualhormonsekretion oder Fruchtbarkeit bislang nicht bekannt.

In einer aktuell veröffentlichten Untersuchung wurde die beruhigende Wirkung von Melatonin bei Hunden in den Fokus gerückt[86]. Dabei wurden 50 erwachsenen, klinisch gesunden Hunden aus Privatbesitz ca. 90 Minuten vor der Einleitung einer Anästhesie eine Melatonin-Dosis von 5 mg/kg oder aber ein Placebo verabreicht. Vorher wurden die Hunde anhand einer Skala in ihrem Verhalten als eher vorsichtig oder zutraulich eingestuft. Vor der Gabe von Melatonin und vor Beginn der Anästhesie wurden das Verhalten, die beruhigende Wirkung und einige Vitalparameter bestimmt. Die benötigte Dosis Propofol für die Anästhesieeinleitung bis zur Ermöglichung der endotrachealen Intubation wurde ebenfalls dokumentiert. Die Autoren beschreiben, dass die Gruppe der Hunde, denen Melatonin verabreicht wurde, ruhiger war, als die Placebo-Gruppe, und die Melatonin-Gruppe weniger Propofol für die Narkoseeinleitung benötigte. Zwar zeigten vorsichtige Hunde dennoch mehr ängstliche Reaktionen, jedoch waren diese im Vergleich zu der Placebo-Gruppe geringer. Die Vitalparameter zeigten keine nennenswerten Abweichungen aus dem physiologischen Bereich. Die Autoren interpretieren ihre Befunde unter dem Strich demgemäß, dass Melatonin das Erregungsniveau senken kann und auch unsichere Hunde durch die beruhigenden Eigenschaften des Melatonins profitieren können[86].

Fazit: **Melatonin**

Für den Einsatz von Melatonin bei Hunden liegen nur wenige mehr oder weniger aussagekräftige Studien vor. Ältere Fallbeispiele beschreiben eine gewisse Wirksamkeit bei Geräuschangst und (altersbedingter) Unruhe bei Hunden, welche immer wieder zitiert wird, was von einem regelmäßigen Einsatz ausgehen lässt. Neuere Studien an Hunden, welche zwar nicht aus dem Bereich der Verhaltensmedizin, sondern aus der Anästhesieforschung kommen, beschreiben beruhigende Effekte bei Hunden vor der Narkoseeinleitung nach oraler Verabreichung von Melatonin in höherer Dosis als bisher für die Verhaltenstherapie empfohlen. Aufgrund der aktuellen Datenlage ist von einem langfristigen Einsatz von Melatonin mangels ausreichender Untersuchungen abzusehen, zumal derzeit nichts Genaueres über mögliche hormonelle Wechselwirkungen bekannt ist, insbesondere bei langfristiger Verwendung. Einer kurzfristigen Gabe bei gewissen Stresssituationen wie bei Geräuschangst oder vor planbaren Eingriffen (Operationen, kurze Klinikaufenthalte), scheint in Anbetracht der aktuellen Forschungssituation, nichts Entscheidendes entgegenzustehen. Bei älteren Hunden ist der Einsatz für die Behandlung der nächtlichen Unruhe bei caniner kognitiver Dysfunktion (vergleichbar mit der Demenz- bzw. Alzheimer-Erkrankung beim Menschen) nicht als kritisch zu betrachten, da hormonelle Nebenwirkungen bei diesen Hunden in der Regel als zweitrangig zu betrachten sind.

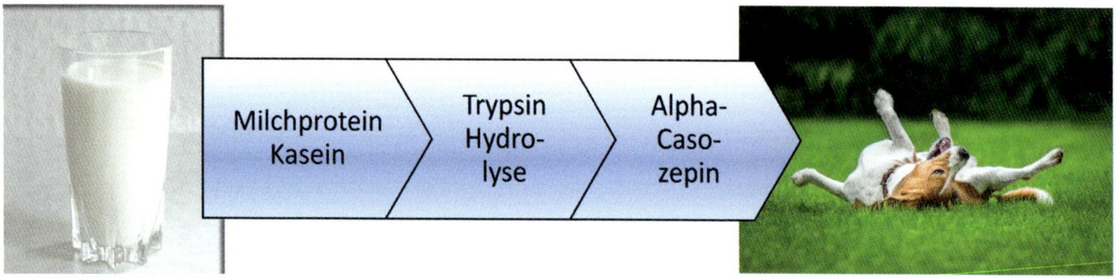

Abbildung 23: Alpha-Casozepin wird aus Kasein gebildet.

11.5. Alpha-Casozepin

Alpha-Casozepin ist einer von zahlreichen bioaktiven Milchinhaltstoffen (viel diskutiert werden seit langer Zeit auch Pflanzeninhaltsstoffe) und entsteht als Proteinabbauprodukt natürlicherweise im Darm von Neugeborenen, wenn sie Muttermilch verdauen (Abb. 23).

Ihm wird ein Teil des beruhigenden Effekts des Stillens bzw. Säugens zugeschrieben, da alpha-Casozepin eine Affinität zu GABA-Rezeptoren besitzt. Mit dem Heranwachsen stellt sich die Milchverdauung um (von Trypsin- auf Pepsin-Verdauung), sodass kein alpha-Casozepin mehr entsteht, wenn Milch oder Casein aufgenommen werden. Die Bindungsfähigkeit von alpha-Casozepin an die GABA-Rezeptoren bleibt allerdings auch bei erwachsenen Hunden erhalten. Produkte mit alpha-Casozepin sind auf dem (deutschen) Markt in Form von Futterergänzungsmitteln und als Zusatz von Alleinfuttermitteln (Diätfuttermittel) erhältlich. Hersteller auf der einen und Autoren von verhaltensmedizinischer Literatur auf der anderen Seite beschreiben eine stressmindernde Wirkung und bessere Adaptation in Stresssituationen. Schon eine alte Hausfrauen-Weisheit empfiehlt, vor dem Schlafengehen ein Glas warme Milch zu trinken. Dies solle beruhigen und beim Einschlafen helfen.

Erste Studien dazu gehen in die 1930er-Jahre zurück und es stellte sich schnell heraus, dass der beruhigende Effekt nach dem Trinken von Milch bei Säuglingen und Kleinkindern auf die alleinige Trypsin-Verdauung des Milchproteins alpha-S1 Kasein zurückzuführen ist. Bei diesem Verdauungsschritt wird daraus alpha-Casozepin freigesetzt, welchem die positiven Eigenschaften zugesprochen werden. Jedoch wird bei adulten Säugern diese Spaltung statt von Trypsin zu großen Teilen nur noch durch das Enzym Pepsin übernommen. Hierbei entsteht weitaus weniger alpha-Casozepin, sodass ein beruhigender Effekt kaum mehr stattfindet. Trypsin spaltet das alpha-S1 Kasein der Milch nur etwa bis zur dritten Lebenswoche[87].

Durch industrielle, enzymatische Aufarbeitung mittels Trypsin-Hydrolyse wird alpha-Casozepin in Ergänzungsfuttermitteln für den adulten Stoffwechsel zugänglich gemacht.

Die Wirkung von alpha-Casozepin beruht auf seiner selektiven Affinität an die Bindungsstelle der Benzodiazepine, dem Typ-A-GABA-Rezeptor im zentralen Nervensystem. Dadurch wird die Aktivität von GABA erhöht, welches für eine hemmende Wirkung bei Angst- und Stresssituationen verantwortlich gemacht wird. Als Folge dessen kommt es zu einer GABA-vermittelten »Beruhigung« der Nervenzell-Membran, was zu einer reduzierten nervalen Aktivität führt und dadurch eine hemmende Wirkung im Nervensystem hat, die positiv in Angst- und Stresssituationen wirkt.

In einigen Studien mit alpha-Casozepin an Hunden wurde die notwendige Wirkdosierung mit 15–20 mg/kg angegeben. Ein Wirkungseintritt soll dann nach einer Anflutungsphase von 1–2 Wochen eintreten. Auch für die Katze liegen ähnliche Erfahrungen vor[88].

Das Aktivitätspotential eines Hundes hängt auch von der zur Verfügung gestellten Energie ab.

Fazit: **Alpha-Casozepin**

Anhand der bislang vorliegenden Studien kann die Wirksamkeit von alpha-Casozepin bei Angststörungen vorsichtig als vielversprechend erachtet werden. Die meisten Studien beschreiben eine Verbesserung der Symptome oder zumindest eine statistisch nachweisbare Optimierung des Erfolges in der Verhaltenstherapie[89]. Die Dauer der Gabe scheint dabei eine Rolle zu spielen und es ist eine Langzeitgabe anzuraten. Es mangelt derzeit an Studien bezüglich kurzzeitiger Verabreichung von alpha-Casozepin.

11.6. L-Theanin

L-Theanin ist eine Aminosäure aus grünem (oder schwarzem) Tee, die kein Baustein von Eiweißen ist, und in Deutschland als Futterergänzungsmittel und Zusatz von Alleinfuttermitteln für den Hund angeboten wird. Dem aus meist grünem Tee extrahierten Wirkstoff wird eine beruhigende Wirkung bei Angstzuständen und Stresssituationen zugeschrieben.

Bereits Mitte des 20. Jahrhunderts wurde L-Theanin erstmals aus grünem Tee isoliert. L-Theanin ist eine farblose, wasserlösliche Aminosäure, die die Blut-Hirn-Schranke passieren kann. L-Theanin (5-N-Ethyl-L-glutamin) ist der Aminosäure L-Glutaminsäure sehr ähnlich. Letztere wird im Zentralnervensystem durch das Enzym L-Glutaminsäuredecarboxylase zu γ-Aminobuttersäure (GABA) carboxyliert. GABA hat die Funktion eines wichtigen inhibitorischen Neurotransmitters, sodass eine beruhigende Wirkung angenommen wird.

Über den genauen Metabolismus und die Pharmakokinetik von L-Theanin ist derzeit wenig bekannt. Studien an Labortieren zeigen, dass L-Theanin im Dünndarm mittels eines aktiven, Natrium-gekoppelten Transportes resorbiert wird. Einen solchen Mechanismen gibt es für viele Aminosäuren und ist bei vielen Zelltypen weit verbreitet. Es gibt Hinweise darauf, dass L-Theanin in höheren Dosen mit anderen Aminosäuren um das Transportsystem für L-Aminosäuren um die Passage der Blut-Hirn-Schranke konkurriert. Über diesen Effekt könnte L-Theanin zumindest indirekt auf den Stoffwechsel anderer im Gehirn wichtigen Substanzen eingreifen.

Untersuchungen an Nagetieren haben gezeigt, dass L-Theanin eine signifikante Beschleunigung des Lernverhaltens bewirken kann und die cognitiven Fähigkeiten steigert. Für den Hund existieren noch keine Studien, die auf einen solchen Einfluss hindeuten. Der Einsatz von L-Theanin beim Hund konzentriert sich derzeit auf die Bereiche Stress und Angststörungen, denn es wurde eine anxiolytische und stressreduzierende Wirkung in Studien mit Nagetieren und Katzen nachgewiesen.

11.7. Vitamine und Antioxidantien

Vitamine sind organische Verbindungen, die der Organismus nicht als Energieträger, sondern für andere lebenswichtige Funktionen benötigt, die jedoch der Stoffwechsel nicht bedarfsdeckend synthetisieren kann. Vitamine müssen mit der Nahrung aufgenommen werden, sie gehören zu den essenziellen Stoffen. Unter dem Sammelbegriff Antioxidantien verbirgt sich eine Vielzahl von Substanzen, die überwiegend von Pflanzen stammen. Sie können ernährungsphysiologisch zum Schutz vor oxidativem Stress und Zelluntergang (Apoptose) eingesetzt werden: »An apple a day keeps the doctor away.« Einige Vitamine können mit Blick auf ihre Hauptfunktion gleichzeitig zu den Antioxidantien gerechnet werden. Dazu zählen die Gruppen der Vitamine A bis E. Dazu kommen aber noch wichtige Spurenelemente wie Selen oder Zink und auch eine Vielzahl von Enzymen.

Antioxidantien sind als Zusatzstoffe in Futtermitteln zu deklarieren. Sie werden den Futtermitteln zumeist in Form einer Kombination von mehreren Substanzen zugesetzt. Studien, welche eine individuelle Wirksamkeit einzelner Substanzen Richtung Verhalten beim Hund untersuchen, gibt es quasi nicht. Gängige Konzepte gehen aber davon aus, dass bei den beobachtbaren Effekten von Antioxidantien auf neuronale Alterungsprozesse und das Verhalten des Hundes Abläufe, wie beim Menschen bekannt, stattfinden.

Fazit: **Vitamine und Antioxidantien**

Bestimmte Vitamine und Antioxidantien sollen Schutz gegen sogenannte »freie Radikale« bieten. So zumindest ist es in der Literatur zahlreich für den Menschen beschrieben. Beim Hund, insbesondere bei jungen Hunden, ist die Datenlage leider dürftig und man kann mehr oder weniger nur annehmen, dass eine positive Wirkung, wenn sie vorhanden ist, in ähnlicher Weise erfolgt. Die gerade erwähnten freien Radikalen werden zum einen vom Körper selbst während verschiedener Stoffwechselprozesse gebildet, zum anderen entstehen sie durch schädliche äußere Einflüsse wie Umweltgifte oder UV-Strahlung der Sonne. Gibt es zu viele freie Radikale im Körper, entsteht sogenannter »oxidativer Stress«. Dieser soll Krankheiten wie Arteriosklerose, Herz-Kreislauferkrankungen, Arthritis und Krebserkrankungen mit verursachen und zudem Gehirn und andere Organsysteme schneller altern lassen. Vitamine und Antioxidantien können bei geeigneter Anwendung natürliche Alterungsprozesse verlangsamen. Es ist anzunehmen, dass diese positiven Effekte auf Stoffwechsel und Gerhirnleistung auch beim Hund stattfinden[90].

11.8.

Phytotherapeutika in aller Kürze

Die Verwendung von Phytotherapie ist heutzutage mindestens genauso gefragt, wie schon vor Urzeiten und es scheint, als habe sie auch in der tiermedizinischen Verhaltenstherapie eine wachsende Bedeutung.

In den Social Media wird intensiv über verschiedene Phytotherapeutika diskutiert. Aber was ist über die Wirkung bei Hunden auf der Grundlage belastbarer Daten eigentlich bekannt? Im folgenden Abschnitt soll ein repräsentativer Teil des enormen Spektrums an Phytotherapeutika, denen eine Wirksamkeit auf das Verhalten zugeschrieben wird, angesprochen werden. Die Auswahl erfolgte im Rahmen einer Literaturrecherche in veterinärmedizinischer Fachliteratur nach Häufung an Nennungen.

Abbildung 24

Baldrian

Zubereitungsformen aus der Wurzel des Baldrians *(Valeriana officinalis)* werden im Bereich der pflanzlichen Arznei häufig genutzt. Für die Arzneiverwendung wird die Wurzel getrocknet und im Ganzen oder zerkleinert verwendet. Im Handel zu findende Darreichungsformen sind in der Regel Trocken-Extrakte oder Flüssigextrakte mit Ethanol-Anteil. Inhaltsstoffe dieser sind ätherische Öle des Baldrians sowie Valepotriate und Lignane. Den Darreichungsformen des Baldrians wird eine beruhigende, angstlösende und schlaffördernde Wirkung zugeschrieben.

Für den Hund liegen kaum Studien über die Wirksamkeit von oraler Behandlung mit Baldrianauszügen vor. In einer Studie an Hunden, die in Hundezwingern gehalten wurden, konnte gezeigt werden, dass die olfaktorische Stimulation u.a. mit Baldrian zu einer signifikanten Reduktion der Lautäußerung und Bewegung führte[91]. Die angesehene Datenbank des Instituts für Veterinärpharmakologie und -toxikologie der Vetsuisse Zürich empfiehlt als Dosierung 1–5 g Droge pro Tag (https://www.vetpharm.uzh.ch/tak/clinidoc.htm). Veröffentlichungen über Versuche an Mäusen beschreiben in stressinduzierten Untersuchungen eine modulatorische Unterdrückung der physischen und psychischen Stressreaktionen mit messbaren Veränderungen im Serotonin-Stoffwechsel und Noradrenalin-Umsatz[92]. Spezielle Erkenntnisse über die wirksamen Komponenten des Baldrianwurzelextrakts liegen derzeit nicht vor, ebenso ist bisher kein Wirkungsmechanismus identifiziert worden.

Hopfen

In der ganzheitlichen Medizin wird regelmäßig der Einsatz von Hopfen bei innerer Unruhe, Stress und Angstzuständen empfohlen. Häufig werden Kombinationen (z.B. mit Baldrian) vermarktet. Hopfen *(Humulus lupulus)* gehört zu der Familie der Hanfgewächse und ist eine stark wachsende Kletterpflanze, die seit Jahrhunderten in Europa kultiviert ist. Den in den Blütenständen vorhandenen Bitterstoffen wird eine beruhigende und schlaffördernde Wirkung zugesprochen. Es wird diskutiert, ob enthaltende Humulone und Lupulone möglicherweise hormonelle östrogene Wirkung besitzen. Es liegen derzeit keine fundierten Studien zum Einsatz der Arzneiauszüge des Hopfens bei Hunden vor. In der oben genannten Datenbank wird für den Hund eine Dosierung von 0,05–0,1 g Droge pro Tag (auf der Basis von Hopfenzapfen) angegeben.

Aus humanmedizinischen Untersuchungen ist bekannt, dass Hopfen psychogen aktive Substanzen enthält, denen bestimmte Wirkungen, wie ein leicht beruhigender (sedativer) oder angstmindernder Effekt zugesprochen werden kann[93]. Derzeit ist aber nicht klar, inwieweit sich das Zusammenwirken der verschiedenen Inhaltsstoffe des Hopfenextrakts auf den genauen Wirkungsmechanismus äußert, und ob zusätzlich auch eine hormonelle Beeinflussung vorliegt.

Johanniskraut

Johanniskraut *(Hypericum perforatum)* ist das zumindest im deutschen humanmedizinischen Bereich am häufigsten verordnete Antidepressivum und wird oft auch in Selbstmedikation verwendet. Es zählt zu den vergleichsweise gut erforschten Phyto-Psychopharmaka. Für die Arzneizubereitung wird Johanniskraut während der Blüte geerntet und getrocknet. Verwendet werden die ganzen Triebe. Zu deren Inhaltsstoffen zählen Substanzen aus den Gruppen der

Die Hyperaktivität von Hunden kann verschiedene Ursachen haben.

Anthranoide, Phloroglucinderivate, Flavonoide, Procyanidine, Xanthone und ätherische Öle. Das zu der Gruppe der Anthranoide zählende Hypericumextrakt soll mindestens zehn pharmakologisch effektive Substanzen enthalten. Auch Hyperforin wird eine pharmakologische Wirksamkeit zugeschrieben. Johanniskraut wird eine antriebssteigernde und bei höherer Dosierung stimulierende Wirkung zugeschrieben und in gängiger Literatur als »Breitband-Wiederaufnahmehemmer« für Adrenalin, Serotonin und Dopamin bezeichnet[94]. Da Hemmung oft als »weniger von« verstanden wird, sei an dieser Stelle angemerkt, dass Hemmung der Wiederaufnahme im synaptischen Spalt – ganz im Gegenteil – bedeutet, dass mehr der Botenstoffe zur Verfügung stehen und genutzt werden können.

Fundierte verhaltensmedizinische Studien zur Wirkung von Johanniskraut bei Hunden liegen derzeit nicht vor. In einem Artikel wird über eine nachweisbare Aufnahmehemmung von GABA und Glutamat sowie eine Bindung an GABA-Rezeptoren berichtet[95]. Der Einsatz von Johanniskraut beim Hund bei akutem, posttraumatischem Stress-Syndrom, Angststörungen und altersbedingten emotionalen Störungen beruht leider rein auf hypothetischen Wirkungsmechanismen, die aus in der Humanmedizin gefundenen Effekten abgeleitet werden. In Laborversuchen mit Nagetieren wurde eine gedächtnisfördernde Wirkung postuliert[96].

Hanföl/CBD-Öl

Hanföl und spezielle Cannabidiol- (CBD-) Öle bzw. weiterverarbeitete Produkte wie Kekse haben sich in den letzten Jahren zu einem Trendprodukt in der Veterinärmedizin entwickelt. CBD ist ein nicht psychoaktives Cannabinoid aus

CBD-Öl erfreut sich derzeit größter Beliebtheit bei Hundehaltern.

dem weiblichen Hanf (Cannabis). Es sind beim Menschen schmerzlindernde (CBD-Gel), entkrampfende, entzündungshemmende, angstlösende und gegen Übelkeit gerichtete Wirkungen beschrieben. Weitere pharmakologische Effekte wie eine antipsychotische Wirkung werden derzeit erforscht. Um die Zulassung von CBD-Ölen in der Tiermedizin und -ernährung gibt es einige Differenzen und sie ist nach wie vor ungeklärt, jedenfalls wenn man sich auf die Stellungnahme des Bundesamtes für Verbraucherschutz und Lebensmittelsicherheit bezieht (www.bvl.bund.de). Die Frage ist, ob CBD in der EU als Therapeutikum, »Novel Food«, Futtermittelzusatzstoff oder Ergänzungsfuttermittel eingestuft wird, denn davon hängt die Barriere für die Zulassung bzw. Verwendung ab.

Das handelsübliche Hanföl wird aus gepressten Samen der Hanfpflanze *(Cannabis sativa)* hergestellt. Es zeichnet sich durch einen sehr hohen Anteil (bis zu 80 %) an mehrfach, ungesättigten Fettsäuren aus und hat mit einem Verhältnis von 3:1 von Linolsäure zu alpha-Linolensäure ein ernährungsphysiologisch hochwertiges Verhältnis. Dieses Öl enthält keine oder nur verschwindend geringe Anteile von möglichen psychoaktiven Cannabinoiden. CBD-Öl dagegen enthält Cannabinoide, aber nicht oder nur grenzwertig das psychogen aktive und in Deutschland vor allem als Rauschmittel geltende Tetrahydrocannabinol (THC). CBD selbst gilt als schwach psychoaktiv. Es werden ihm krampflösende, entzündungshemmende, angstlösende und neuroprotektive Eigenschaften nachgesagt.

Auf die Wirkung des Hanf(samen)öls wird mit Bezug auf seine spezielle Fettsäuren-Zusammensetzung und seinen Gehalt an Antioxidantien an anderer Stelle eingegangen.

Für Cannabidiol ist derzeit noch kein genauer Wirkungsmechanismus identifiziert worden. In einigen Studien an Ratten wird eine Aktion über den 5HT1A-Rezeptor vermutet. Diese Arbeiten beschreiben ebenfalls einen CBD-induzierten antidepressiven oder anxiolytischen, also angstlösenden, Effekt sowie eine bessere Rehabilitation nach induzierten Stresssituationen, was einigen Ergebnissen aus humanmedizinischen Untersuchungen gleicht.

Es ist anzunehmen, dass diese Studien nicht vollständig auf den Hund zu übertragen sind. In einer Studie wurden die Urin-Metaboliten von Cannabidiol von Hunden, Ratten und Menschen im Harn verglichen und zeigten deutliche Unterschiede, was auf unterschiedliche Stoffwechselvorgänge von Cannabidiol bei verschiedenen Spezies hindeutet und sicherlich die Übertragbarkeit erschwert[97].

Insgesamt gibt es für den Hund nur wenige Studien, die belastbare Daten liefern. So wurde kürzlich ein Präparat mit 0,5 %igem CBD- und THC-Gehalt beim Hund im nüchternen und gefütterten Zustand untersucht und die Blutkonzentration beider Stoffe bestimmt. Dabei konnte zu keinem Zeitpunkt eine nachweisbare Konzentration an CBD beschrieben werden[98]. In einer Placebo-kontrollierten Studie bei

Hunden mit idiopathischer (= Krankheit ohne bekannte Ursache) Epilepsie wurde die Verwendung von CBD-Öl als Zusatz zur Verringerung der Anfallshäufigkeit untersucht. Dabei zeigte die CBD-Öl-Gruppe (2,5 mg/kg) im Vergleich zur Placebo-Gruppe eine signifikante Reduktion der Anfallshäufigkeit. Kurioserweise zeigten auch Placebo-Tiere eine Abnahme der Anfallshäufigkeit, Ursache unbekannt[99].

Fazit: **Hanföl/CBD**

Die Übertragbarkeit von Ergebnissen aus Studien zur Wirksamkeit von CBD mit anderen Tiermodellen auf den Hund ist aufgrund der verschiedenen Metabolismus-Arten als fragwürdig anzusehen. Für den Hund liegen zum jetzigen Zeitpunkt keine Studien über den Einsatz von CBD-Ölen in der Verhaltensmedizin vor. Vorliegende Befunde lassen annehmen, dass eine Wirkung möglich ist, diese aber vermutlich erst bei ausreichend hohen Blutspiegeln Effekte zeigen. Welche das sein könnten, ist allerdings nicht ausreichend untersucht. Nachteilige Effekte von CBD auf das Verhalten wurden zumindest bisher nicht beschrieben. Derartiges kann aber nicht a priori ausgeschlossen werden[100].

Kokosöl

Bei etlichen Krankheiten wie beispielsweise idiopathische Epilepsie greifen Besitzer gerne auf Ergänzungsfuttermittel zurück, die in der Humanmedizin als Super Foods bekannt sind. Kokosöl stellt hierbei eine äußerst beliebte Verabreichung durch den Tierbesitzer dar[101]. Kokosöl bezeichnet das aus der Frucht der Kokospalme *(Cocos nucifera)* gewonnene Öl, welches eine zähflüssig bis fest-cremige Konsistenz und weiß- bis gelbliche Farbe besitzt. Das Öl besteht zu einem überwiegenden Anteil aus gesättigten Fettsäuren. Dabei macht Laurinsäure gut die Hälfte, Myristinsäure ca. 20 % und Palmitinsäure etwa 10 % aus. Der Anteil an mehrfach ungesättigten Fettsäuren ist dagegen gering.

Für den Hund liegen keine Erkenntnisse über die potenzielle Wirkung von Kokosöl auf das Verhalten vor. Auch der Einsatz beim Menschen wurde trotz des Kokosöl-Gesundheits-Hypes der letzten Jahre mehrfach in Frage gestellt. In der Literatur und im Internet beschriebene Wirkungen wie Verbesserung der Gedächtnisleistung konnte in der Forschung bisher nicht ausreichend bewiesen werden. Einige Veröffentlichungen diskutieren die Möglichkeit für kognitive Verbesserungen durch Förderung der Energie-Bereitstellung für die Gehirnzellen. Durch die spezielle Ernährung mit Kokosöl-Zugabe soll danach eine sogenannte Ketonämie (= erhöhter Gehalt an Ketonkörpern wie Acetoacetat, Aceton und ß-Hydroxybutyrat) induziert werden, die zu einer Gedächtnisverbesserung führen soll. Möglicherweise vermindert Kokosöl den oxidativen Stress der Nervenzellen[101, 102].

Fazit: **Kokosöl**

Zurzeit können keine Aussagen über die Wirksamkeit von Kokosöl als Ergänzungsfuttermittel in der Verhaltensmedizin gemacht werden. Eine Verbesserung der Kognition ist auf Grund der vorliegenden Studienlage immerhin als möglich anzusehen.

Ginko

Ginkgo *(Ginkgo biloba)* enthält als wirksame Inhaltsstoffe in ihren Anteilen schwankende Diterpene (darunter die Ginkgoliden A, B und C), Sesquiterpene und Flavonoide sowie Ginkgolsäuren. Die Kombination dieser Stoffe soll einen neuroprotektiven Effekt besitzen, die Durchblutung vor allem im Gehirn verbessern und Gedächtnis und Lernen positiv beeinflussen. In der traditionellen asiatischen Medizin findet die Pflanze dabei seit Jahrhunderten Verwendung[103]. Zusammenfassende Auswertungen von Forschungsergebnissen aus der Humanmedizin zeigen keine einheitlichen Belege für eine Wirksamkeit von Ginkgo bei Demenz oder anderen altersbedingten kognitiven Erkrankungen wie Alzheimer.

Einige Studien zu der Wirksamkeit von Ginkgo bei Patienten mit Tinnitus lassen eine bessere Wirksamkeit bei Durchblutungsstörungen des Innenohrs annehmen, sodass von einer Verbesserung der Gehirndurchblutung ausgegangen werden kann. Untersuchungen an Hunden belegen diesen durchblutungsfördernden Effekt im Gehirn durch Ginkgo ebenfalls[104]. In mehreren Fällen wird Ginkgo in kombinierten Ergänzungsfuttermitteln mit anderen Substanzen und Antioxidantien eingesetzt und es konnten Verbesserungen der Kognition von älteren Hunden nachgewiesen werden. Der Effekt von Ginkgo bei achtwöchiger Applikation wurde bei älteren Hunden mit kognitiven Alterungserscheinungen untersucht und es zeigte sich, dass ein Teil der beobachteten Alterungserscheinungen sichtbar vermindert war. Der Effekt trat zumeist etwa vier Wochen nach Beginn der Verabreichung ein. Ein Teil der teilnehmenden Hunde konnte sogar eine vollständig klinische Symptomfreiheit erlangen[105].

Fazit: **Ginkgo**

Die Wirksamkeit von Ginkgo zur Verbesserung der Kognition besonders bei altersbedingten klinischen Veränderungen beim Menschen kann als gesichert angesehen werden. Aufgrund der Studienlage ist anzunehmen, dass die Effekte auf eine verbesserte Gehirndurchblutung zurückzuführen sind. Für den Hund wären ähnliche klinische Studien absolut wünschenswert.

Melisse

Von der Melissepflanze *(Melissa officinalis)* werden die Blätter genutzt, die in der Blütezeit hohe Wirkstoffkonzentrationen ätherischer Öle wie Citral und Citronellal sowie Gerbstoffe, Flaconoide und Phenolcarbonsäuren aufweisen. Dieser Kombination an Inhaltsstoffen wird eine beruhigende Wirkung bei nervöser Unruhe und nervösbedingten Einschlafstörungen nachgesagt. Studien zur Verwendung von Melisse in der Verhaltensmedizin beim Hund liegen nicht vor. Bei Versuchen mit Ratten konnte nachgewiesen werden, dass die Gabe von Melissenextrakt zu einer Verringerung der Serotonin-Umsatzrate führte und es sah so aus, als ob eine antidepressive Wirkung dabei auftrat[106].

Fazit: **Melisse**

Die Studienlage bezüglich Wirksamkeit von Melisse ist dürftig. Die Untersuchung der potenziell stressreduzierenden Wirkung könnte ein Ansatz sein, auch bei Hunden.

Die Fähigkeit zur Entspannung muss von klein an gefördert werden.

Kava-Kava

Die Kava-Kava-Pflanze *(Piper methysticum)* gehört zur Gattung der Pfeffer. Eine pharmazeutische Wirkung wird den Inhaltsstoffen des Wurzelstocks nachgesagt. Dieser enthält Kavapyrone (verschiedene Lactone), von denen einige identifiziert worden sind. Darunter Kavain, Dihydrokavain, Methysticin und Dihydromethysticin. Kavapyrone sollen bei oraler Gabe eine ähnliche Wirkung wie Benzodiazepine besitzen und daher anxiolytisch und sedierend wirken, in höheren Dosen wird sogar von Somnolenz (Schläfrigkeit, Bewusstseinsstörung) berichtet. Jedoch wird auch immer wieder eine potenzielle toxische Wirkung (vor allem auf die Leber) diskutiert, weshalb die Zulassung von Kava-Kava-haltigen Produkten in Deutschland zurzeit aufgehoben ist (Bundesinstitut für Arzneimittel und Medizinprodukte). Für die Anwendung von Kava-Kava Präparaten beim Hund liegen leider keine Studien vor. Beim Menschen scheint eine gewisse anxiolytische Wirkung von Kava-Kava über die aktiven Bestandteile der Kavalactone in Wechselwirkung mit GABA-gesteuerten Natriumionenkanälen, einer verstärkten Bindung über GABA-a-Rezeptorsubtypen und einer verringerten Freisetzung von erregenden Neurotransmittern durch Blockierung von Calciumionenkanälen erzeugt zu werden.

Fazit: **Kava-Kava**

Der Einsatz von Kava-Kava-Produkten ist aufgrund der nicht endgültig geklärten toxischen Effekte und aufgrund von mangelnden Studien an Hunden als kritisch und nicht empfehlenswert zu betrachten. Eine anxiolytische Wirkung scheint möglich zu sein, ist jedoch auch an Studien am Hund zu überprüfen und dann gegen die mögliche schädigende Wirkung abzuwägen, bevor eine weiterverbreiternde Verwendung in Betracht gezogen werden kann.

Das passende Maß an Aktivität und Ruhe zu finden, ist die große Kunst der Hundeaufzucht.

Passionsblume

Die Passionsblume *(Passiflora incarnata)* hat in der Vergangenheit vor allem in der Selbstmedikation von nervösen Unruhezuständen und Einschlafstörungen eine Rolle gespielt[107]. Teile der Pflanze enthalten Flavonoide und ätherische Öle. Für den Hund liegen keine Studien über den Einsatz von Passiflora vor.

In ernst zu nehmenden humanmedizinischen Veröffentlichungen wurde über anxiolytische und beruhigende Effekte der Passionsblume berichtet, die vergleichbar der Wirkung von Midazolam oder Oxazepam ausfielen. Es wird angenommen, dass die Wirkung über eine Modulation der GABA-Wiederaufnahme-Hemmung und des GABA-a-Rezeptorkomplexes vermittelt wird[108].

Zu vergleichbaren Ergebnissen kommen Studien an Ratten, in denen im Rahmen einer siebenwöchigen Behandlung zusätzlich die Gehalte von Aminosäuren, Monoaminen und deren Metaboliten in verschiedenen Hirnregionen untersucht wurden. Außerdem konnte eine Verbesserung der Lern- und Gedächtnisfunktion beschrieben werden[109].

Fazit: **Passionsblume**

Extrakte der Passionsblume versprechen eine gute Wirksamkeit bei kurzfristigen Angstzuständen und scheinen das Stresslevel im Modellorganismus Nager zu senken. Für den Hund gibt es zurzeit keine Daten über die Wirksamkeit von Passionsblumen-Präparaten. Eine Wirksamkeit scheint möglich, jedoch muss das erst noch beim Hund untersucht werden.

Mönchspfeffer

Die Pflanze Mönchspfeffer *(Vitex agnus-castus)* wurde schon bei den alten Griechen erwähnt. Es wird angenommen, dass einige Stoffe, die im Mönchspfeffer vorkommen, Effekte auf die Hypophyse ausüben. Das könnte den Effekt auf den Hormonhaushalt erklären. Es wurde gezeigt, dass Inhaltsstoffe des Mönchspfeffers beim Menschen am Opioidrezeptor binden. Diese Tatsache könnte dafür verantwortlich sein, dass Mönchspfeffer Beschwerden des prämenstruellen Syndroms lindert (PMS, körperliche und emotionale Beschwerden im Zusammenhang mit dem Menstruationszyklus der Frau). Der Wirkungsmechanismus ist noch nicht zur Gänze verstanden[110]. In geringeren Dosen hemmt Mönchspfeffer die Aktivierung der Dopamin-2-Rezeptoren, was zu einem leichten Anstieg der Prolaktinfreisetzung führt. In höheren Konzentrationen dagegen ist die Bindungsaktivität ausreichend, um die Freisetzung von Prolaktin zu verringern. Die wirksamen Substanzen sind vermutlich Diterpene mit Dopamin-ähnlicher Wirkung mit hemmender Wirkung auf das Hormon Prolaktin. Eine Senkung des Prolaktins beeinflusst den FSH (Follikelstimulierendes Hormon) – und Östrogenspiegel im weiblichen Körper. Über die Wirkung auf den Prolaktinspiegel ist eine Senkung des Testosteron-Spiegels bei Männern als Wirkung plausibel, die sich auf Libido und Spermienproduktion auswirken könnte. Gesicherte Daten zu Auswirkungen von Mönchspfeffer beim Hund waren nicht zu finden. Im Internet findet man aber trotzdem Zitate wie: »Auch in der Veterinärmedizin wird Mönchspfeffer erfolgreich eingesetzt, um den Hormonhaushalt, vor allem bei Tieren mit starkem Geschlechtstrieb, positiv zu beeinflussen oder weibliche Tiere mit Zyklusstörungen zu unterstützen.«

Mönchspfeffer als Lustbremse?

12. Fütterung bei speziellen ERKRANKUNGEN

12.1. Futtermittelallergien/ -unverträglichkeiten

Futtermittelallergien und -unverträglichkeiten rücken zunehmend in den Fokus, zumindest subjektiv betrachtet, sind Hunde in den letzten Jahren vermehrt betroffen.

Doch was ist eigentlich was? Die Futtermittelunverträglichkeit ist ein Überbegriff und umfasst sowohl die echte Futtermittelallergie als auch die Futtermittelintoleranz. Schätzungen zufolge haben 30 % aller Hunde mit einem Verdacht auf eine allergisch bedingte Symptomatik eine Futtermittelunverträglichkeit. Sie ist definiert durch unerwünschte, jederzeit erneut provozierbare Reaktionen auf bestimmte Futtermittel.

Von einer echten Futtermittelallergie spricht man hingegen nur, wenn Futterbestandteile direkt zelluläre oder Ig-E-vermittelte (Ig = Immunglobulin) immunologische Reaktionen auslösen. IgE-Antikörper, die schnelle Einsatztruppe des Immunsystems, reagieren somit unmittelbar und stehen für die Sofortreaktion des Immunsystems. Hierbei treten die Symptome relativ kurz nach Futteraufnahme auf, was es in der Regel erlaubt, einen direkten Bezug zum Futter herzustellen.

Bei der Futtermittelintoleranz tritt keine immunologische Reaktion auf, hier können die Ursachen verdorbenes Futter, eine zu schnelle Futterumstellung oder auch eine Intoleranz gegen bestimmte Inhaltsstoffe, wie zum Beispiel Gluten oder Histamin sein.

Immunglobulin E und Immunglobulin G – der Unterschied. Immunglobuline E (IgE) sind wichtige Antikörper zur Feststellung von Allergien. Sind sie vermehrt im Blut nachweisbar, besteht ein erhöhtes Risiko für allergische Symptome. Bei Immunglobulin G (IgG) zeigt sich ein ganz anderes Bild: Der Zusammenhang zwischen dem IgG-Wert im Blut und dem Auftreten von Lebensmittelunverträglichkeiten und Allergien ist wissenschaftlich nicht ausreichend untermauert. Der Grund dafür ist, dass die Entwicklung von IgG-Antikörpern, zum Beispiel gegen Nahrungsmittel, ein natürlicher Prozess ist und keine Aussagekraft über Allergien hat.

Wissenschaftliche Studien belegen beim Menschen mehrfach, dass auch bei vollkommen gesunden Individuen ohne Beschwerden ein erhöhter IgG-Wert vorliegen kann; er ist physiologisch und deutet lediglich auf eine Exposition mit dem entsprechenden Nahrungsmittel hin. Der Nachweis dieser Antikörper sagt daher nichts über das Allergierisiko aus.

Häufigkeit. In der Summe aller allergischen Hautkrankheiten des Hundes, ist die Futtermittelallergie nach der Flohspeichel- und Umweltallergie die dritthäufigste. Von den nicht-saisonalen Allergien des Hundes sind 23,0–62,0 % auf eine Futtermittelallergie zurückzuführen.

Sehr häufig leidet ein Hund jedoch an mehr als einer Allergie, wie z.B. zusätzlich gegen Flohspeichel, Umweltallergene oder intestinale Parasiten. Das Risiko, eine Futtermittelallergie zu entwickeln, ist grundsätzlich nicht vom Geschlecht des Tieres abhängig, und auch eine Rasseprädisposition wurde bisher nicht statistisch bestätigt. Allerdings findet man in der Literatur immer wieder Hinweise auf ein gehäuftes Auftreten bei Boxern, Cocker- und Springer-Spaniels, Collies, Dalmatinern, dem Deutschen Schäferhund, Retrievern, dem Dachshund und West Highland White Terrier. Eine Futtermittelallergie kann sich in jedem Alter entwickeln, die angegebene Altersspanne reicht von vier Monaten bis zu 14 Jahren.

Was ist eigentlich genau das Problem? Studien, die mit Hilfe einer Eliminationsdiät und anschließender Provokation (siehe unten) die verantwortlichen Allergene beim Hund analysiert haben, zeigen, dass bei der Futtermittelallergie des Hundes in über 65 % Rind, Milchprodukte und Weizen die auslösenden Proteine enthalten. Etwa 25 % werden durch Huhn, Ei, Lamm oder Soja ausgelöst. Auch Fisch ist häufig für Futterunverträglichkeiten verantwortlich.

Die gerne unter Generalverdacht stehenden Kohlenhydrate scheinen hingegen keine Allergien auszulösen. Ihre Rolle als Trigger einer allergischen Reaktion wird auch in der Humanmedizin kontrovers diskutiert und ist ebenfalls beim Hund nicht erwiesen.

In den Fällen, in denen Kohlenhydrate, wie z. B. Mais, für Futterunverträglichkeiten verantwortlich zu sein scheinen, ist es wahrscheinlicher, dass ein Protein innerhalb des Kohlenhydrates Auslöser der Symptomatik ist, als eine tatsächlich vorliegende Allergie gegen Kohlenhydrate.

Auch werden oft Futtermittelzusatzstoffe, wie Farb- und Konservierungsmittel, als relevante Allergene beim Hund genannt, dazu gibt es aber in der Literatur bisher keinen beschriebenen Fall. Denn bei den meisten Reaktionen auf Futtermittelzusatzstoffe handelt es sich um Reaktionen im Rahmen einer Futtermittelintoleranz und nicht -allergie. Viele betroffene Hunde reagieren leider auch auf mehr als einen Bestandteil im Futter allergisch.

Die Symptomatik. Gastrointestinale Symptome, die sich durch unspezifische Symptome wie Erbrechen, Durchfall, Blut im Stuhl oder im Erbrochenen, reduzierten Appetit, Wachstumsstörungen bei Junghunden, eine häufigere Kotabsatzfrequenz oder Gewichtsverlust äußern, sind bei futtermittelallergischen Hunden seltener als dermatologische Symptome. Aber auch ein Hund hat das Anrecht auf mehrere Symptome, und so kann es auch zugleich zu dermatologischen und gastrointestinalen Beschwerden kommen.

Im Zusammenhang mit gastroenterologischen Problemen sei hier die Inflammatory Bowel Disease, die IBD, als häufigste entzündliche Darmerkrankung beim Hund genannt, bei der sich eine übermäßige Zahl an Entzündungszellen in der Darmwand findet. Die genauen Ursachen für die IBD sind – analog zum Morbus Crohn des Menschen – größtenteils unbekannt, doch in manchen Fällen scheint eine Futtermittelallergie oder -unverträglichkeit zugrunde zu liegen. Darum sollte vor dem Einsatz immunsuppressiver Medikamente mit all ihren Nebenwirkungen unbedingt eine Eliminationsdiät und Provokation durchgeführt werden (siehe unten).

Weitaus häufiger sind beim Hund im Zusammenhang mit Futtermittelallergien aber dermatologische Probleme. Es gibt zwar keine pathognomonischen, also charakteristischen, Hautveränderungen bei betroffenen Hunden, aber das häufigste Symptom, das Hunde generell bei einer Futterunverträglichkeit zeigen, ist Juckreiz. Typischerweise ist dieser konstant und nicht saisonal, kann aber natürlich in der Intensität variieren. Der Juckreiz kann entweder generalisiert oder auch auf einzelne Körperstellen begrenzt sein. Vor allem Gesicht, Ohren, Pfoten, Achseln, Leistenbereich und die Region um das After sind häufig betroffen. Viele Hunde zeigen als einziges Symptom eine *Otitis externa*, also eine Außenohrentzündung. Etwa ein Viertel der Hunde mit Futterunverträglichkeiten weist ausschließlich in der Ohrregion Läsionen auf. Darum sollte bei einer rezidivierenden, beidseitigen und von Juckreiz begleiteten *Otitis externa*, immer auch an eine Futtermittelallergie gedacht werden.

Die Diagnostik. Noch immer wird relativ häufig ein Blutallergietest zur Diagnostik empfohlen, obwohl dessen Aussagekraft gering ist. Auch die Symptomatik erlaubt keinen Rückschluss auf eine Futtermittelallergie, da vor allem dermatologische Probleme stets eine Vielzahl verschiedener Ursachen haben können.

Der Goldstandard in der Diagnostik von Futtermittelallergien ist und bleibt also die Ausschlussdiät, auch wenn sie mühsam und langwierig ist und bei manchen Hunden (»Staubsaugern«) sogar einen Maulkorb erfordert, um auszuschließen, dass der Hund etwas anderes zu sich nimmt. Denn das ist das A und O: außer Wasser und einer für den Hund unbekannten Protein- und Kohlenhydratquelle darf nämlich nichts im Hund landen – und das im Falle von rein gastroenterologischen Symptomen für mindestens vier Wochen, bei dermatologischen Symptomen für bis zu 10 Wochen. Bereits ein »falsches« Leckerchen macht der Erfolg wieder zunichte, weswegen sich Konsequenz und eine gute Compliance der Halter in diesem Fall auszahlen. Für einen ausgewachsenen Hund ist es übrigens nicht relevant, ob er für 10 Wochen bedarfsdeckend ernährt wird oder nicht, sodass man problemlos für diesen Zeitraum beispielsweise ausschließlich Pferd mit Süßkartoffeln oder Rentier mit

Amaranth o.Ä. geben kann. Bei einem Hund im Wachstum ist das problematischer und sollte von entsprechend ausgebildeten Tierärzten begleitet werden, um Mangelerscheinungen zu verhindern.

Gehen die Symptome unter der Eliminationsdiät zurück oder verschwinden, spricht das für eine futterallergische Genese der Symptome. Bei Hunden unbekannter Herkunft ist es aber oft unmöglich zu sagen, was der Hund bereits auf dem Speiseplan hatte und was nicht. Und hier kommt doch wieder der Blutallergietest ins Spiel, denn er ist immerhin geeignet, herauszufinden, wozu Hund bisher keinen Kontakt hatte: negative Ergebnisse (»der Hund hat keine Allergie«) stimmen, wohingegen bei positiven Ergebnissen eine niedrige Sensitivität und Spezifität besteht, sodass die Messung der futterspezifischen IgE nicht geeignet ist, Futtermittelunverträglichkeiten zu diagnostizieren, aber eben um passende Komponenten für eine Ausschlussdiät zu identifizieren.

Bei mangelnder Bereitschaft der Halter stellt ein hydrolysiertes Futter eine Alternative dar – wenn auch nur die zweitbeste. In so einem Futter sind die Bestandteile des Eiweißes so zerlegt, dass das Immunsystem sie nicht mehr als Protein erkennt und damit nicht mehr allergisch reagiert.

Verschwinden nun die Symptome, seien sie dermatologischer oder gastroenterologischer Natur, so beginnt man mit der sogenannten Provokationsdiät. Dazu werden einzelne Komponenten zugefüttert und man beobachtet, ob die Symptomatik wiederkehrt. Tut sie das, ist das beweisend für eine Futtermittelallergie. Und dann bleibt einem nur, Komponente für Komponente einzeln zu testen, um rauszufinden, was dieser Hund individuell verträgt und die Fütterung entsprechend anzupassen.

Känguru, Rentier und Krokodil? Viele Halter haben das Bedürfnis, etwas ganz Besonderes für ihren Hund zu kaufen, und so landen – zur Verzweiflung vieler Tierärzte – zunehmend Exoten, wie z.B. Rentier, Strauß oder Krokodil, im Futternapf. Problematisch ist das aber im Zusammenhang mit der beschriebenen Ausschlussdiät, denn inzwischen gibt es zahlreiche Hunde, die auch noch so exotische Inhaltsstoffe bereits im Napf hatten, was diese dann für eine Ausschlussdiät unbrauchbar macht. Ich vermute aber, dass ein mitteleuropäischer Hund sich über ein Schweineohr genauso freut, wie über den Löffel eines Hasen, und dass ein Hühnerhals locker mit einem Straußenhals mithalten kann.

Man sollte sich also in der normalen Fütterung von Haushunden an hierzulande gängige Fleischsorten halten, um Alternativen für eine Allergiediagnostik in der Hinterhand zu haben.

Was oft funktioniert ist Pferd. Allerdings wird die Schlachtung von Pferden emotional offenbar von vielen Haltern anders bewertet als die von Rindern. Auch Schwein, das durchaus eine wertvolle Proteinquelle für Hunde ist, funktioniert oft, sollte aber wegen der Gefahr der Übertragung der Aujeszky-Krankheit nicht roh gegeben werden. Die Aujeszky'sche Krankheit (oder auch Pseudowut) ist eine durch Herpesviren des Schweines ausgelöste Erkrankung, die für Hunde und Katzen tödlich ist. Das Virus wird aber durch Erhitzung zuverlässig abgetötet.

Der durchgefütterte Durchfall. Laut Studien spielen »durchgefütterte Durchfälle« eine wichtige Rolle in der Entstehung von Futtermittelallergien. Sicherlich hat jeder schon mal irgendwo gelesen, dass es sinnvoll ist, einen Hund mit Durchfall mindestens 24 Stunden fasten zu lassen. Genauso sicher ist aber, dass

Die Anzahl von Hunden mit Futtermittelunverträglichkeiten nimmt zu.

die wenigstens Halter das in der Praxis so durchziehen. Ganz im Gegenteil wird oft versucht, den Hund mit besonders schmackhaften Dingen geradezu zum Fressen zu überreden.

Und das birgt ein großes Risiko in der Entstehung von Futtermittelallergien, denn in dem Moment, in dem ein Hund Durchfall und Erbrechen zeigt, hat er ein Problem mit seiner Darmbarriere, und die wiederum ist in intaktem Zustand dafür zuständig zu entscheiden, was in den Hund gelangen darf, und was wieder ausgeschieden wird. Sind Nährstoffe korrekt aufgespalten, dürfen sie passieren, Krankheitserreger wie Bakterien oder Viren müssen draußen bleiben.

Ist der Darm entzündet, lockern sich die Zwischenräume in der Darmwand, die sogenannten *Tight junctions* (»Mörtel« zwischen den Schleimhautzellen), der Darm wird »undicht« und es können jetzt, neben Bakterien und Viren, auch größere Nahrungsmoleküle, die noch nicht komplett aufgespalten sind, hindurchgelangen – und das ist wiederum eine der Möglichkeiten für die Entstehung von Nahrungsmittelallergien und -unverträglichkeiten.

Denn jetzt ist das Immunsystem plötzlich mit diesen großen Molekülen konfrontiert, stuft sie als fremd ein, und ratzfatz ist der Hund sensibilisiert. Beim ersten Kontakt zieht dies noch keine Symptomatik nach sich, wird aber dieses Nahrungsmittel in Zukunft wieder aufgenommen, sind Probleme vorprogrammiert: Infolge der aufgenommenen und dem Immunsystem präsentierten Makromoleküle, kommt es als Antwort auf ein Allergen zu einer vermehrten IgE- und T-Lymphozyten-Bildung. Durch einen erneuten Kontakt der sensibilisierten Lymphozyten mit dem Allergen kommt es dann in der Überempfindlichkeitsphase zu Antikörperreaktionen, die direkt im Anschluss an die Aufnahme des entsprechenden Allergens auftreten können.

Opferproteine? In diesem Zusammenhang sind auch die sogenannten Opferproteine wichtig, denn während ein erwachsener, ansonsten gesunder Hund gut damit zurechtkommt, auch mal 48 Stunden zu fasten, ist das z.B. bei Welpen oder Diabetikern ein Problem. In diesem Fall wählt man dann Eiweißquellen, die nicht wirklich relevant in der Ernährung von Hunden sind, und nimmt quasi eine Allergie in Kauf. Opferproteine sind Exoten, die in der Ernährung von Hunden keine große Rolle spielen – so dürfte es bei einem mitteleuropäischen Hund irrelevant sein, ob er eine Allergie auf Känguru entwickelt, da dies im Vergleich zu Rind, Huhn oder Lamm in der Ernährung mitteleuropäischer Hunde keine große Rolle spielt. Anders mag das in Australien sein ...

Weitere Ursachen? In den letzten Jahrzehnten hat sich immer mehr die Ansicht durchgesetzt, dass man auf keinen Fall das Futter wechseln sollte, was dazu führt, dass weder der Verdauungstrakt, noch das Immunsystem von Welpen den Umgang mit verschiedenen Inhaltsstoffen »lernen«. Aber ein Immunsystem muss trainiert und auf den Ernst des Lebens vorbereitet werden! Man denke nur an die zahlreichen Studien, die beim Menschen ein deutlich geringeres Allergiepotential bei Bauernhofkindern nachweisen, die eben von klein an Kontakt zu verschiedenen potentiellen Allergenen hatten. Dass man ein Futter, das dieser Hund individuell nicht verträgt, nicht füttern sollte, versteht sich hoffentlich von selbst.

Und auch bei Nahrungsallergien findet in der Humanmedizin ein Umdenken statt: bisher rieten Allergologen Eltern, Kinder mit einem erhöhten Allergierisiko während der ersten zwölf Lebensmonate von potenziell allergieauslösenden Lebensmitteln fernzuhalten. Bei Erdnüssen, die ein hohes Allergiepotential aufweisen, ist nun belegt, dass die bisherige Enthaltsamkeitsstrategie der Allergologen kontraproduktiv sein und das Entstehen einer Allergie sogar fördern kann. Für eine Studie, die im März 2015 im New England Journal of Medicine erschien, wurden 640 allergiegefährdete Babys im Alter von 4 bis 11 Monaten ausgewählt und in zwei Gruppen eingeteilt. Die eine verzichtete komplett auf Erdnüsse, die andere Gruppe konsumierte über fünf Jahre hinweg dreimal pro Woche Nahrung mit Erdnussbestandteilen. Und es stellte sich überraschenderweise heraus, dass regelmäßiger Konsum von Erdnussprodukten die Toleranz erhöht. Mit 5 Jahren wurden die Kinder nämlich erneut untersucht und die Gruppe mit Erdnuss-Kontakt hatte signifikant seltener eine Erdnussallergie als jene, die keinen Erdnuss-Kontakt hatten. Die Erkenntnisse dieser Studie sind von den USA jetzt sogar in eine Leitlinie aufgenommen worden und Ärzten wird empfohlen, zur Vermeidung von Erdnussallergien, erdnusshaltige Lebensmittel für Säuglinge einzuführen.

Eigentlich auch im Zusammenhang mit dem Training von Immunsystem und Verdauungstrakt logisch, oder? Man stelle sich vor, man selbst hätte bis zum 45. Lebensjahr ausschließlich Lamm und Reis bekommen und bekommt jetzt beispielsweise Chilli con Carne »mit viel scharf« vorgesetzt – es ist zu vermuten, dass man mit Durchfall und Unverträglichkeit reagiert – und eventuell später auch eine Allergie entwickelt. Neben der Futterprägung könnte es also auch der Prävention von Allergien dienen, Hunde breit gefächert zu füttern und sie mit vielen Inhaltsstoffen vertraut zu machen, um ihren Verdauungstrakt und ihr Immunsystem zu trainieren.

Dann soll an dieser Stelle auch ein weiteres Problem der derzeit praktizierten Hundezucht angesprochen werden, nämlich dass die Gesundheit oft immer mehr zugunsten des Standards und der Optik von Hunden zurücktritt. Da wird die Farbe oder die Größe dann schnell relevanter als die Gesundheit ... Denn auch wenn es bisher keine Nachweise gibt, spricht die Tatsache, dass bestimmte Rassen öfter betroffen sind, als andere, für eine genetische Komponente. Unseres Wissens nach ist aber eine Futtermittelallergie in keinem Rasseclub zuchtausschließend, und vielleicht sollte man sich doch mal darüber Gedanken machen, ob es sinnvoll ist, solche Hunde weiter in der Zucht zu belassen. Das wäre im Hinblick auf die Gesundheit unserer Hundepopulation sicherlich zielführender, als pauschal die Futtermittelindustrie, Impfungen, Entwurmungen & Co zu verteufeln – erfordert aber auch mehr eigene Konsequenz. Aber gut, solange auch gefährliche Krankheiten, wie die Epilepsie von vielen Züchtern weiter unter den Teppich gekehrt werden, und solange es z.B. Hunde gibt, die dank Zahnspangen mit perfektem Gebiss ihre Gene weiterverbreiten, wird das wohl ein Wunschdenken bleiben.

Fazit: **Futtermittel-unverträglichkeiten**

- Allergien basieren in der Regel auf Protein.
- Die meisten Hunde reagieren mit einer Hautsymptomatik, aber auch der Magen-Darm-Trakt kann betroffen sein.
- Symptome oder beides in Kombination können auftreten.
- Der Blutallergietest ist nicht zur Diagnostik geeignet, einzig die Ausschlussdiät mit anschließender Provokationsdiät lässt die Diagnose Futtermittelallergie zu.
- Exotische Proteinquellen haben im Napf von gesunden Hunden nichts verloren.
- Eine Gewöhnung von Verdauungstrakt und Immunsystem an verschiedene potenzielle Allergene kann sinnvoll sein.

12.2. Schilddrüse: Überfunktion und Unterfunktion durch Fütterung

Schilddrüsenerkrankungen erhalten bei allen, die mit Hunden zu tun haben, einen immer höher werdenden Stellenwert in der Diskussion und wurden von den Tierärzten viel gezielter untersucht und diagnostiziert als in der Vergangenheit. Der thyreotrope Regelkreis ist in vereinfachter Form in Abb. 25 dargestellt.

Schilddrüsenfunktion und Verhalten

Heute ist bekannt, dass die Schilddrüse und ihre Funktion in einem komplexen Zusammenspiel zu hormonellen Funktionen und Stressreaktionen stehen und hier ein sensibles Gleichgewicht herrscht, welches besonders bei an Schilddrüsenunterfunktion erkrankten Hunden von enormer Bedeutung ist. In der Praxis werden subklinische Schilddrüsenunterfunktionen immer häufiger mit Verhaltensauffälligkeiten wie Angststörungen, Stressanfälligkeit, Unruhe, vermehrter Nervosität, Hyperaktivität, Aggressionen und Schwierigkeiten im Lernverhalten in Verbindung gebracht und rücken dadurch auch zunehmend in den Fokus der Forschung.

Diese Ausprägungsformen dieser Verhaltensweisen unterliegen dabei einem sensiblen Gleichgewicht, welches über eine Vielzahl von Faktoren anfällig für Unausgeglichenheiten und Schwankungen ist. Als Einflüsse sind dabei neben pathologischen Problemen im Organ-

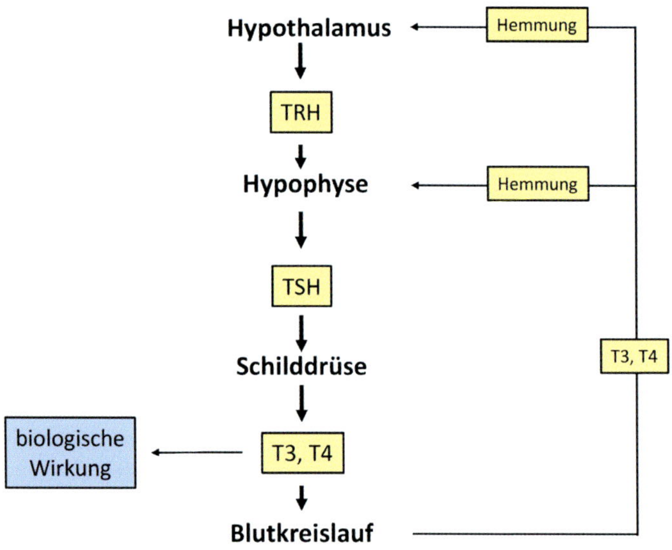

Abbildung 25: Der thyreotrope Regelkreis der Schilddrüsenhormone.

system auch Umweltveränderungen, Genetik, Erziehung, Erfahrungen und Ernährung zu nennen. Diese komplexen Zusammenhänge außerhalb des Ernährungseinflusses beschreibt Zimmermann in einem kürzlich veröffentlichten Buch über die Schilddrüsenerkrankungen beim Hund »Dr. Jekyll & Mr. Hund« detailliert und anschaulich[42].

Beeinflussung der Schilddrüsenfunktion durch die Ernährung

Pathologien im Schilddrüsen-Stoffwechsel können durch die Ernährung entstehen oder beeinflusst werden, sodass es zu verhaltensmedizinisch relevanten Ausprägungen im Verhalten des Hundes kommt. Ein klassisches Beispiel stellt eine sehr hohe, unkontrollierte Zufuhr von Schilddrüsenhormonen bei gesunden Hunden über die Nahrung dar. Diese Tiere können bei langfristiger Zufuhr von externen Schilddrüsenhormonen Symptome wie plötzliche vermehrte Aktivität, Nervosität, Unruhe mit vermehrtem Hecheln und Polyphagie zeigen. Diese alimentäre Hyperthyreose kann bei langfristiger Fütterung von beispielsweise gewolftem Fleisch unklarer Zusammensetzung, selbst zubereiteten Fütterungen wie Barfen mit hohem Schlund-Anteil, aber auch in kommerziellen (bevorzugt Nassfutter-) Diäten zu Verhaltenssymptomen führen, und durch hormonelle Regelkreise letztendlich auch in einer Schilddrüsenunterfunktion enden. Im Rahmen einer Fütterungsanamnese sind entsprechende Symptome zu erfragen. Allerdings ist der Hund gegenüber kurzfristig erhöhten Thyroxinspiegeln wesentlich toleranter als wir Menschen, da seine Schilddrüsenhormone eine wesentlich kürzere biologische Halbwertszeit aufweisen, als die des Menschen. Bei einem Beutegreifer, der gerne den Kehlkopf inklusive der anhängenden Schilddrüse frisst, ist das auch durchaus sinnvoll. So beträgt die Halbwertszeit, also die Zeitspanne, in der die

Hälfte der Hormone wieder abgebaut ist, von Thyroxin (T4) beim Menschen 7–8 Tage, beim Hund gerade mal 12 Stunden. Und auch die biologisch aktive Form, das Trijodthyronin (T3), hat beim Menschen eine HWZ von 19 Stunden, während es beim Hund nur 6 Stunden sind. Problematisch ist es also nicht, dem Hund auch mal einen Kehlkopf zum Knabbern zu geben, denn darauf ist er ausgelegt, sehr wohl aber, ihm dauerhaft Rationen mit einem hohen Gehalt an Schilddrüsenhormonen zu füttern, wie es leider in gewolften Barfmixen oft der Fall ist. Relevant ist ein hoher Anteil an Schilddrüsenhormonen in der Ration auch, wenn man bei seinem Hund ein Schilddrüsenprofil erstellen lassen möchte, da dadurch natürlich das Ergebnis verfälscht wird. Hier wird empfohlen, vorher mindestens zwei Wochen lang auf ein Fertigfutter umzustellen oder sicherzustellen, dass kein potenziell »kontaminiertes Material« in der Ration ist.

Zur Prävention und bei bestehenden Schilddrüsenerkrankungen (zumeist Hypothyreose) wird empfohlen, auf eine kontinuierliche Zufuhr von Jod zu achten, da gerade bei Vorschädigungen oder bestehender Restaktivität der Schilddrüse plötzliche Schwankungen zu erheblichen Verschlechterungen der Symptomatik führen können. Schwankende Gehälter von Jod können bevorzugt bei Futtermittelwechsel, Zugaben von Ergänzungsfuttermitteln auf Algen-Basis, gewolftem Fleisch oder bei der Fütterung von Dosenfutter unterschiedlicher Chargen auftreten.

Auch sollten kropffördernde Substanzen, welche die Jodaufnahme in der Schilddrüse hemmen und so Erkrankungen der Schilddrüse und Verhaltensänderungen induzieren können, gemieden werden. Eine Hemmung der Jodaufnahme kann durch enthaltende Schwefelverbindungen und/oder Glukosinolate erfolgen. Hierfür infrage kommende Futtermittel sind beispielsweise Kohl, Kohlrüben, Weiße Rüben, Senf, Radieschen, Meerrettich, Raps, Mais, Hirse, Zyanide enthaltende Futtermittel wie beispielsweise Mandeln, Chicorèe, Hülsenfrüchte, Sonnenblumen, Löwenzahn und Maniok oder auch Sojabohnen, Pinienkerne, Erdnüsse, Süßkartoffeln und Seetang.

Insgesamt ist für die Prophylaxe sowie therapiebegleitende Ernährung bei Schilddrüsenerkrankungen auf eine ausgewogene Fütterung mit einer nicht zu fettreichen Ration, wobei die Fette auf Basis ungesättigter Fettsäuren zu empfehlen sind, und einem moderaten Proteingehalt auf Basis von hochwertigen Eiweißen zu achten. Dabei sollte außerdem auf eine ausreichende Versorgung mit den Vitaminen A, B, C und E sowie Eisen und Selen geachtet werden. Zusätzlich sind oben erwähnte Jodschwankungen zu vermeiden. Ein besonderes Augenmerk sollte auch auf die Art und Qualität der Umverpackungen des Futtermittels gelegt werden. Es ist bekannt, dass einige Verpackungsmaterialien Weichmacher und Korrosionsschutz enthalten, welche chemisch strukturelle Ähnlichkeit mit Schilddrüsenhormonen aufweisen.

12.3. Epilepsie

Von Epilepsie (»Fallsucht«) spricht man bei mehrmaligem Auftreten von Krampfanfällen. Da diese durch diverse Ursachen verursacht werden können, unterscheidet man zwischen symptomatischer (Symptome einer Krankheit) und idiopathischer (Krankheit unbekannter Ursache) Epilepsie. Eine andere Einteilung, die aber im Grunde dasselbe beschreibt, unterscheidet zwischen primären und sekundären Epilepsien. Ein richtiges Fütterungsmanagement bildet einen der Ansätze, Häufigkeit und Schwere epileptischer Anfälle zu reduzieren. Eine Heilung ist nicht möglich. Hier Näheres zu der systematischen Einteilung:

- Symptomatische Epilepsie: Krampfanfälle werden durch Stoffwechselstörungen (z.B. Unterzuckerung) oder anatomische Veränderungen des Gehirns (z.B. Hirntumor) ausgelöst.
- Idiopathische Epilepsie: Krampfanfälle werden durch Störungen in Gehirnfunktionen ausgelöst, Gewebeveränderungen sind nicht zu erkennen. In der Tiermedizin wird nur die idiopathische Epilepsie als Epilepsie im engeren Sinne verstanden. Insgesamt erkranken ca. 1–2 % der Hunde an Epilepsie, wodurch sie leider inzwischen die am weitesten verbreitete neurologische Erkrankung des Hundes ist. Der idiopathische Typus tritt dabei am häufigsten auf.
- Primäre Epilepsie: Das ist eine angeborene Krankheit, die vermehrt bei Rassen wie Labrador Retriever, Weimaraner, Golden Retriever und Collie vorkommt. Aber auch in anderen Rassen ist man nicht davor gefeit.
- Sekundäre Epilepsie: Im Gegensatz zur primären Epilepsie entsteht die sekundäre Epilepsie bei Hunden durch eine andere Grunderkrankung. Häufige Ursachen für diese sekundären Krampfanfälle sind Stoffwechselstörungen, die beispielsweise aus einer Nieren- oder Lebererkrankung oder einer Vergiftung resultieren, Herzerkrankungen, die zum Sauerstoffmangel im Gehirn führen können, oder aber auch Gehirnentzündungen oder -tumore. Und die Liste lässt sich ohne Mühe verlängern, so kann beispielsweise Stress ein wichtiger Initiator sein, genauso wie eine nicht adäquate Ernährung. Hunde, die zu Krampfanfällen neigen, reagieren sensibel auf Stress, körperliche und geistige Überforderung, übermäßiges Training, laute Geräusche (wie quietschendes Spielzeug oder Silvesterknaller) und bestimmte Situationen (wie Einsamkeit, angstauslösende Reize) können epileptische Anfälle auslösen. Doch auch andere Stressoren wie Fieber, Störungen des Hormonhaushalts (z.B. Diabetes), Vergiftungen und Medikamentenbelastung (zum Beispiel bestimmte Antiparasitika, alle möglichen sonstigen chemischen Stoffe aus der Umwelt) gehören zu den Auslösern von Anfällen bei Hunden.

Symptomatik. Krampfanfällen kann die sogenannte Aura vorangehen, eine Zeit, in der der Hund sich verändert verhält (z.B. Unruhe, Angst). Zum eigentlichen epileptischen Anfall kommt es durch ungerichtete elektrische Entladungen in Nervenzellen, die geradezu »ausflippen« können. Ein ähnliches Phänomen kennen wir von erregbaren Zellen am Herzen, wo sich ein solcher Vorgang z.B. als Rhythmusstörung oder Kammerflimmern äußern kann. Je nach Größe des betroffenen Hirnareals fallen die äußerlich sichtbaren Anzeichen bei einem epileptischen Anfall verschieden aus. Man unterscheidet:

- partiell einfacher Anfall: Nur ein Körperteil, z.B. ein Bein ist von den Krämpfen betroffen, partiell komplexer Anfall: Das Bewusstsein des Hundes ist eingeschränkt und es kommt zu Verhaltensstörungen (z.B. Schnappen nach nicht vorhandenen Fliegen),
- generalisierter Anfall: Charakteristisch sind Verlust oder starke Veränderung des Bewusstseins und Veränderungen im Muskeltonus. Der Hund kommt zum Liegen und zeigt Anspannung oder Zuckungen der Gliedmaßen und des Kiefers. Speicheln, ungesteuerter Harn- und Kotabsatz sind möglich,

Auch der Hund im Homeoffice braucht eine adäquate Ernährung. Spaß bei Seite: Stress kann Einfluss auf die Anfallsfrequenz von Epileptikern haben.

- Status epilepticus: Krämpfe dauern länger als 5 Minuten oder treten mehrmals nacheinander auf.

In der Zeit nach einem Anfall, können die Hunde an Orientierungslosigkeit, mangelnder Koordinationsfähigkeit, vermehrtem Hunger und Durst leiden.

Klassische Therapie. Bei jedem Krampfanfall werden durch die unphysiologische elektrische Ladung auch Nervenzellen zerstört und abnorme Entladungsmuster gefestigt, dies begünstigt das Auftreten neuer Anfälle. Eine frühzeitige Therapie ist deshalb wichtig. Als Antiepileptika werden beim Hund vor allem Phenobarbital, Kaliumbromid und Benzodiazepin-Agonisten eingesetzt. Durch individuelles Einstellen der Dosierung sollen Nebenwirkungen geringgehalten werden. Die Epilepsie ist leider nicht heilbar, deshalb müssen die Medikamente normalerweise lebenslang gegeben werden. Nur ein Teil der Patienten wird anfallsfrei, teilweise ist die Häufigkeit und Schwere der Episoden gemildert, es gibt aber auch Therapieresistenz. Alternativ oder begleitend hat sich ein geeignetes Fütterungsmanagement als hilfreich erwiesen

Epilepsie und Ernährung. Diesbezüglich tummeln sich unzählige Empfehlungen, Hinweise, Tipps, Mythen, Fabeln usw. auf dem Markt. Viele der »Tipps« sind sowohl für Mensch als auch Hund wissenschaftlich nicht belegbar. Dabei gibt es durchaus Daten, die einer kritischen Beurteilung standhalten können. Epilepsie und Ernährung in Kürze:

- Ein Hund mit Epilepsie benötigt primär eine sehr korrekte Nährstoffversorgung ohne Über- oder Unterversorgung mit Natrium, Calcium, Magnesium, Kupfer, Chlorid, Phosphat und so weiter. Der Elektrolythaushalt muss stimmen. Das schadet ja auch bei gesunden Tieren nicht!
- Dasselbe gilt für den Vitamin-Haushalt. Fisch sollte nicht roh verfüttert werden. Durch Erhitzung hingegen werden die Enzyme inaktiviert, die für die Zerstörung des Vitamins B1 zuständig sind. Auch auf die anderen Vitamine (vor allem Vitamin E) ist zu achten.
- Bei der Futterauswahl sollten Hundehalter zudem darauf achten, dass keine Zusatzstoffe wie Konservierungsstoffe enthalten sind. Diese stehen im Verdacht, Krampfanfälle bei Hunden zu begünstigen. Eine Ausnahme stellt Vitamin C als Konservierungsstoff dar, da es antioxidative, zellprotektive Eigenschaften hat.
- Achtung bei angeborenen oder erworbenen Lebererkrankungen! Sie gehören zu den Auslösern von Krampfanfällen, die durch die Ernährung beeinflusst werden können. Empfehlenswert sind Diätfuttermittel zur Unterstützung der Leberfunktion mit reduziertem Proteingehalt. Ideal sind hochwertige Proteine mit einem hohen Anteil an essenziellen Aminosäuren. Zur Verfütterung eignen sich Fleisch, Quark und Sojaprotein, da sie hochverdauliche Proteine enthalten. Bestimmte Faserstoffe im Futter tragen – in moderater Menge zugeführt – zu einer positiven Beeinflussung der Darmflora bei. Vitamin E und Zink wirken als Antioxidantien und sollten deshalb in erhöhter Menge im Hundefutter enthalten sein. Bei geschädigter Leber bitte auf die Menge an Kupfer und Vitamin A achten, da bei erhöhter Zufuhr das Lebergewebe noch weiter geschädigt werden kann. Eine leberschonende Diät verbessert als Nebeneffekt auch die Situation des Gewebes bei Belastung mit Medikamenten.
- Neuere Forschungsansätze beschäftigen sich mit dem Einsatz von sogenannten ketogenen Diäten bei der primären Epilepsie des Hun-

des. Es wird untersucht, ob diese fettreiche und kohlenhydratarme Fütterung einen reduzierenden Einfluss auf die Anfallshäufigkeit bei Hunden haben kann. Die ketogene Diät besteht hauptsächlich aus Fetten mit knapp bedarfsdeckenden Anteilen an Protein. Dadurch soll eine Ketose induziert werden, wie sie normalerweise im Hungerstoffwechsel vorkommt. Ketonkörper beeinflussen den Energiestoffwechsel von Nervenzellen positiv. In der Vergangenheit konnte dadurch (nicht in allen Fällen!) eine reduzierte Häufigkeit und Schwere der Anfälle bei Epilepsie bei Kindern erreicht werden. Bei Erwachsenen ist die Sachlage aber umstritten[111]. Es scheint, als sei bei Hunden mit Epilepsie diese ketogene Diät nicht so wirksam wie bei Kindern, vielleicht weil der Stoffwechsel eines Hundes sowieso schon auf biologisch längere Fastenzeiten ausgerichtet ist?

- In einer aktuellen Studie wurde der Effekt einer Langzeit-Supplementierung (3 Monate) mit mittelkettigen Fettsäuren (MCT) bei Hunden mit idiopathischer, therapieresistenter Epilepsie auf Häufigkeit und Schwere epileptischer Anfälle studiert und die Hypothese war, dass die alleinige MCT-Zugabe zum Standardfutter allein schon ausreicht, um die Epilepsie-Auswirkungen zu mildern. Und genau das konnten die Autoren bestätigen[112]!
- Einen wahren Hype hat es beginnend in der Humanmedizin um Cannabidiol (CBD) gegeben und diese Euphorie ist auch in die Hundeszene rübergeschwappt. Cannabidiol aus dem Faserhanf hat antiepileptische (antikonvulsive), angstlösende, neuroprotektive, antipsychotische, entzündungshemmende, antiemetische und antioxidative Eigenschaften. Im Unterschied zu Δ9-Tetrahydrocannabinol (THC), auch ein Inhaltsstoff der Hanfpflanze, ist es nicht psychoaktiv (euphorisierend) und bindet nicht als Agonist an die CB1- und CB2-Rezeptoren. Die Effekte von CBD werden auf die Interaktion mit verschiedenen Systemen zurückgeführt. Dazu gehören auch weitere Membrankanäle und -rezeptoren (Serotonin-Rezeptoren, 5HT1A). Bei kleinen Hundegruppen mit idiopathischer Epilepsie wurde die Zugabe von CBD zum Futter inzwischen auf eine potenzielle Wirkung auf die Anfallshäufigkeit getestet[99, 113]. Die Ergebnisse waren zwar noch nicht ganz überzeugend, sind aber durchaus ermutigend. Als Tierarzneimittel ist CBD bislang in Deutschland nicht zugelassen (BfR, Stand Juli 2020). Die Weltgesundheitsorganisation (WHO) hat den Einsatz von CBD für Hunde allerdings als unbedenklich eingestuft. Demnach besteht beim Einsatz von CBD-Öl für Hunde keine Gefahr (Quelle: www.who.int/). Als Nahrungsergänzungsmittel (meist in Ölen) ist es leicht in Apotheken, bei Drogerie-Discountern und natürlich Online zu erhalten. Verbraucherzentralen weisen allerdings darauf hin, dass derzeit von den Überwachungsbehörden noch geprüft wird, ob die Öle verschiedener Hersteller laut geltenden Rechtsnormen verkehrsfähig sind, d.h. verkauft werden dürfen. Wir weisen hier darauf hin, dass jemand, der eine wirksame Epilepsiebehandlung benötigt, grundsätzlich mit dem behandelnden Tierarzt die Therapie abstimmen sollte!

13.

Fütterung bei bestimmten PROBLEMEN

13.1.

Angst/Furcht/Stress/ Aggression

Angst und Furcht beschreiben unterschiedliche Dinge, auch wenn wir beide Begriffe umgangssprachlich schnell vermischen. Unter Angst versteht man ein nicht definiertes Empfinden des Bedroht- und Ausgeliefertseins in einer Situation, die überwiegend nicht direkt kontrollierbar scheint[7]. Angst ist zumindest auf den Menschen bezogen also Folge eines Kontrollverlustes durch Fremdheit, Ungewissheit, Verlassenheit oder die Vorwegnahme von Gefahr (z.B. bei starkem Wind, Türengeklapper oder Gewitter). Doch sie ist auch nützlich: Ohne Angst hätten die Menschen früher nicht überleben können. Und auch heute noch warnt uns die Angst vor Risiken. Die »Schrecksekunde« oder die »Angststarre« sind zum Beispiel Augenblicke, in denen wir entscheiden, wie wir uns in einer bestimmten Situation verhalten (oder auch nicht). Steigerung von Blutdruck und Atemfrequenz, Freisetzung von Stresshormonen, Kampf oder Flucht (oder etwas dazwischen) sind bekannte Beispiele der Körperreaktionen.

Die Furcht bezieht sich dagegen auf einen konkreten Gegenstand, d.h. auf eine fassbare Situation. Auch wenn das Ergebnis, Einschalten der Stressachse, am Ende der Angstreaktion ähnelt, greifen die Mechanismen des Adrenalin-Noradrenalin-Systems wesentlich schneller. Oder anders ausgedrückt: Die Spinne an der

Wand ist schlimm (Furcht, da auf ein konkretes Objekt oder eine konkrete Situation bezogen), aber die Spinne mit unbekanntem Aufenthaltsort ist schlimmer (Angst, nicht auf ein konkretes Objekt oder eine konkrete Situation bezogen).

Für Stress gibt es zahlreiche Definitionen, aus völlig unterschiedlicher Richtung, mal eher aus der klinischen Medizin, mal eher aus der Verhaltenstherapie oder -medizin. Viele der Definitionen beziehen sich allerdings nur auf den Distress, also den negativen Stress, z.B. bei Futterentzug oder schlechten Haltungsbedingungen. Psychologen sind aber davon überzeugt, dass Stress nicht nur schlechte Folgen hat, sondern durchaus auch positiv wirken kann (Eustress). Dazu gehört zum Beispiel, dass Stresshormone bis zu einer gewissen Grenze leistungsfähiger machen (z.B. für Reproduktion), ja sogar positive Emotionen auslösen. Es gibt ebenso einen Unterschied zwischen Prüfungsangst, die komplett blockiert und anregendem Lampenfieber.

Wir wollen deshalb in diesem Buch für den Hund eine allgemeine, wertneutrale Definition vorschlagen. Demnach bezeichnet Stress zum einen die durch spezifische äußere Reize (Stressoren) hervorgerufene psychische und physische Reaktionen, die zur Bewältigung besonderer Anforderungen befähigen, und zum anderen die dadurch entstehende körperliche und kognitive Belastung.

Auch wenn Angst häufig per se als Verhaltensstörung bezeichnet wird, ist sie zunächst nichts anderes als ein biologisch sinnvolles Verhalten, das im Zweifelsfall das Überleben sichert. Hormonell wird Angst durch das Stresshormon Cortisol aus der Nebennierenrinde vermittelt, welches das Verhalten und den Stoffwechsel an die vermeintliche oder tatsächliche Gefahrensituation anpasst und eine adäquate Reaktion ermöglicht. Wie auch die Angst als Emotion, ist auch das Stresshormon keineswegs ein »böses Hormon«, sondern notwendig, um in der Angst überhaupt entsprechend reagieren zu können.

Angst und Cortisol werden erst dann zum Problem, wenn sie für den Hund nicht mehr bewältigbar sind und es durch die lang anhaltende körperliche und mentale Belastung irgendwann zu Energiebereitstellungsproblemen kommt, die sich durch eine erhöhte Krankheitsanfälligkeit (Cortisol hemmt das Immunsystem), zu Zyklusstörungen oder beim wachsenden Hund auch in Wachstumsverzögerungen äußern können.

Die Ursachen für eine gesteigerte Angst liegt häufig in der frühen Entwicklung des Hundes, resultiert also aus schlechten Erfahrungen, die ein Welpe während der sensiblen Phase (3. bis ca. 13. Lebenswoche) gemacht hat. Vor allem die 3.–5. Lebenswoche sind aber in der Entwicklung besonders wichtig, da der Welpe hier besonders offen für neue Erfahrungen ist und in diesem Alter quasi ein Referenzsystem ausbildet, das später in unbekannten Situationen herhalten muss.

Genauso schlimm wie falsche und nicht zu bewältigende Erfahrungen sind aber oft auch der Mangel an Erfahrungen, aus denen häufig Hunde resultieren, die schlichtweg nie die Möglichkeit hatten, zu lernen, wie man mit Angst umgeht und wie man passende Copingstrategien für stressige Situationen entwickelt.

Aber natürlich können sich Ängste auch beim erwachsenen Hund entwickeln, der immer wieder schlechte Erfahrungen macht.

Bei ängstlichen Hunden gibt es gute Möglichkeiten der Verhaltensbeeinflussung durch die Fütterung.

Zu einem guten Stressmanagement gehört auch eine angepasst Ernährung. Gerade bei Hunden, die schnell »hochfahren«.

Ebenso sind dauerhafte Schmerzen, nachlassende Sinnesleistungen (z.B. beim Senior-Hund) oder auch hormonelle Störungen an dieser Stelle zu nennen. So kann zum Beispiel eine Schilddrüsenunterfunktion oder ein Morbus Cushing (eine Überproduktion von Cortisol in der NNR) auch zur Entstehung von Ängsten führen und sollte auf jeden Fall abgeklärt werden. Beim Bearded Collie ist zum Beispiel auch eine genetische Komponente in der Entstehung der Geräuschangst bekannt. Ebenso können bei einer Hündin, die verschiedenen am Zyklus beteiligten Hormone, Angst steigern, und dieser Zusammenhang liegt nahe, wenn das Verhalten stets nur in bestimmten Zyklusphasen auftritt. In diesem Fall kann eine Kastration übrigens eine Lösung sein, während sie bei Hündinnen, die unabhängig von ihrem Zyklusstand Probleme haben, das Verhalten in der Regel verschlimmern wird, da die Sexualhormone eine angstlösende Wirkung besitzen.

Wie schon angesprochen, spielt nicht zuletzt auch die Genetik eine Rolle, so gibt es bei verschiedenen Rassen auch Linien, in denen zum Beispiel die Angstaggression gehäuft auftritt. In diesem Zusammenhang sind außerdem epigenetische Zusammenhänge zu nennen, die bereits im Mutterleib zu einer Sensibilisierung der Stresshormonsysteme führen können – was auch wiederum biologisch sinnvoll ist, wenn man in einen potentiell gefährlichen und unsicheren Lebensraum hineingeboren wird.

Von Stress ist es nicht mehr weit bis zum Aggressionsverhalten. Unter Stress reagieren

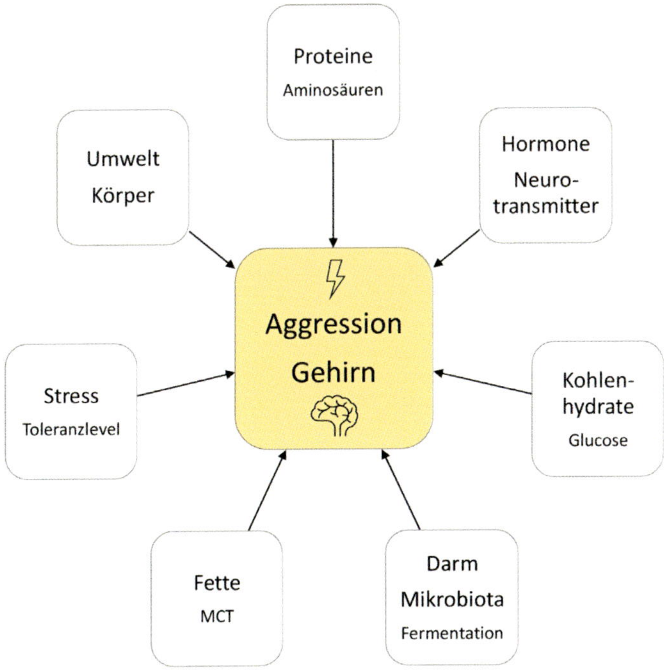

Abbildung 26: Viele Eingangssignale, darunter auch die Nahrungsinhaltsstoffe, beeinflussen das Aggressionsverhalten.

Tiere wie es ihren Gewohnheiten (sowohl angeboren als auch erlernt) entspricht, weil die bewusst agierenden Teile im Gehirn blockiert sind. Das kann Sekunden bis Minuten dauern. Die üblichen Beteiligten sind Adrenalin/Noradrenalin und Cortisol, die Transmitter des Stresssystems. Unter Blockade fällt der Organismus quasi zum Selbstschutz in abgespeicherte Verhaltensmuster zurück, also Handlungen, die ohne Nachzudenken ablaufen, wie Weglaufen, Verstecken und eben Aggression.

Aggression ist kein einfaches Problem. Folglich gibt es nicht die »einfache Lösung«, womöglich gar durch eine einfache Ernährungsumstellung? Aggression ist sehr komplex und schwer zu ändern, wenn überhaupt. Hunde – genau wie der Mensch – sind darauf getrimmt, Aggression als Mittel einzusetzen, die Biologie hat es so vorgesehen. Das geht schon beim Einzeller los, ja sogar Elementarteilchen oder Moleküle haben »gelernt«, aggressiv sein zu können. Wenn eine Zelle die andere frisst, ist das Aggression?

Was uns aggressiv erscheint, hängt davon ab, wie wir Aggressionsverhalten definieren. Wir versuchen es ganz allgemein gemäß O'Heare[114]: »Aggression ist eine natürliche Strategie der Verhaltensanpassung an die Umwelt, die dazu dient, das zu bekommen, was man will, und das zu vermeiden/dem zu entgehen, was man nicht will.« Aggression ist also ein strategisches Verhalten. Es gehört zu Lebewesen, wie Atmen, Laufen, Fressen, Reproduktion usw. auch. Man kann es nicht beseitigen, nur versuchen, es in endlichen Grenzen zu lenken. Tropfen, Tabletten,

Globuli und natürlich auch der Ernährungstypus, wie hier besprochen, müssen sich naturgegeben daran halten. Trotzdem gibt es etliche Hinweise, wie man versuchen kann, die »endlichen Grenzen« nahrungstechnisch im positiven Sinne zu beeinflussen. Da dieses in verschiedenen Kapiteln des Buches schon angesprochen wurde, fassen wir die Ergebnisse in einem vereinfachten Schema zusammen (Abb. 26).

13.2. Hyperaktivität

In den letzten Jahren fallen (subjektiv) vermehrt Hunde auf, die ein extremes Maß an Aktivität zeigen und die nur schwerlich zur Ruhe kommen. Allerdings gibt es zu Hunden in der Literatur bisher kaum Hinweise auf eine echte Hyperaktivitätsstörung, die mit dem ADHS des Menschen vergleichbar ist. So bleibt zu vermuten, dass ein Großteil der Hunde, die als »hyperaktiv« vorgestellt werden, niemals Ruhe und Entspannung gelernt haben, dass Hyperaktivität oft mit Unerzogenheit verwechselt wird, dass Halter doch das Aktivitätslevel »ihrer Rasse« unterschätzt haben oder dass es sich um ein Pubertier handelt.

Zu den wenigen Untersuchungen über die Hyperaktivität bei Hunden gehören jene von Adam Miklosi, der bei deutschen Schäferhunden mit gesteigerter Aktivität eine Veränderung im Dopamin D4-Rezeptor-Gen nachgewiesen hat. Ähnliche Befunde liefert auch die Humanmedizin. Die Ursache von AD(H S (Aufmerksamkeits-Defizit-(Hyperaktivitäts)-Syndrom ist immer noch nicht abschließend geklärt, aber auch hier weist alles auf Veränderungen im Dopamin- und Noradrenalin-Stoffwechsel hin.

Betroffene Hunde fallen dadurch auf, dass ihre Aktivität kein Ende findet, dass sie eine Hypervigilanz (erhöhte Wachsamkeit), eine Hyposomnie (verminderte Schlafdauer und -intensität), eine starke Impulsivität mit einer geringen Frustrationstoleranz zeigen, schnell ablenkbar sind, eine niedrige Reizschwelle aufweisen, sich in ihrer Freizeit gerne als Schredder oder Innenarchitekt betätigen, oft verunfallen, und dass Spiel mit Artgenossen oft in Aggression mündet. Selbstverständlich sollte man Hunde eines ähnlichen Alters und einer ähnlichen Rasse/eines ähnlichen Mixes vergleichen, da sonst jeder Jagdterrier im Vergleich zum Neufundländer das Label »hyperaktiv« aufgedrückt bekäme und ein Herdenschutzhund im Vergleich zum Pudel in Punkto Hypervigilanz schlechte Karten hätte ...

Auch eine latente Schilddrüsenunterfunktion geht häufig mit einer Hyperaktivität oder auch einer Impulskontrollstörung einher und sollte auf jeden Fall im Vorfeld abgeklärt werden.

Unabhängig von den Ursachen der Hyperaktivität kann man außerdem durch die Ernährung Einfluss nehmen. Zunächst sei an dieser Stelle erwähnt, dass es nicht sinnvoll ist, einem Hund, der sowieso schon ein Übermaß an Aktivität zeigt, noch mehr Energie zu füttern – denn die muss er loswerden und in weitere Aktivität umsetzen. Neben dem Energiegehalt, kann auch eine Erhöhung der Kohlenhydrate Besserung bringen. Allerdings sollte man auf Stärkeprodukte, die für einen ausgewogenen Blutzuckerspiegel sorgen, zurückgreifen, denn Glucose steht als schnell verfügbare Energie sofort im Gehirn zur Verfügung und kann zu weiteren Aktivitätsspitzen führen.

Ein hyperaktiver Organismus steht vermehrt und dauerhaft unter Strom, hat also Stress, der mit einem erhöhten Cortisolspiegel einhergeht.

Cortisol fördert wiederum den Abbau von Serotonin, so dass der Serotoninwert oft zu niedrig ist. Noradrenalin ist hingegen bei AD(H)S beim Menschen überhöht. Diese Störungen im Hormon- und Neurotransmitterhaushalt scheinen sich auf das emotionale Verhalten, Konzentration, Gedächtnis, Impulsivität und Schlafverhalten auszuwirken.

Auch im Hundesport gilt: weniger ist mehr.

Eine Erhöhung des Serotoninspiegels über die Gabe von Tryptophanpräparaten kann bei manchen Tieren sinnvoll sein, da Serotonin maßgeblich an der Kontrolle von Impulsen beteiligt ist und zur Hemmung führt.

In verschiedenen Studien wurde beim Menschen ein Zusammenhang zwischen niedrigen Zinkkonzentrationen und dem Schweregrad einer ADS-/ADHS-Symptomatik nachgewiesen. Auch beim hyperaktiven Hund erscheint es sinnvoll, darauf zu achten, dass Zink in ausreichender Menge in der Ration vorhanden ist. Beides muss individuell ausprobiert werden.

Bei physischem wie psychischem Stress wird der Neurotransmitter Noradrenalin verstärkt freigesetzt, was zu einer Verminderung des intrazellulären Magnesiums und zu einem verstärkten Leistungseinbruch führt. Wer kennt sie nicht, die fiesen nächtlichen Wadenkrämpfe, die bei Stress mit einem Magnesiummangel einhergehen ... Bei Kindern die unter AD(H S leiden, kann eine Magnesiumsupplementierung eine Verbesserung der Unruhesymptomatik bewirken. Ca. 30 % der Kinder mit AD(H S sprechen auf eine Magnesiumsupplementierung an. Magnesium wird üblicherweise als Muskelrelaxans eingesetzt, hat aber auch beruhigende (sedative) Eigenschaften, was auf eine Verbesserung der beruhigenden Wirkung am Auslösungsmechanismus zur Öffnung des Natriumkanals der Nervenzelle, der für die Signalerzeugung verantwortlich ist, zurückzuführen ist. Auch eine Beeinflussung der GABA-Wirkung am GABA-A-Rezeptor durch Magnesium wird diskutiert. Im Endeffekt hemmt Magnesium die Ausschüttung von anregenden Neurobotenstoffen wie Noradrenalin und Adrenalin, was zur Dämpfung des Sympathikus und mehr Ruhe führt.

Immer wieder stehen auch langkettige Omega-3-Fettsäuren in der Erwartung, die Ausprägung der Symptomatik mildern zu können, allerdings sind die Studienergebnisse uneinheitlich. Angesichts der genannten Studienlage leitet sich aktuell keine Behandlungsempfehlung für langkettige ungesättigte Fettsäuren bei ADHS ab, obwohl eine Wirkmöglichkeit theoretisch gegeben ist. Sicher ist aber, dass eine ausreichende Versorgung mit Omega-3-Fettsäuren gerade beim hyperaktiven Hund auf jeden Fall gewährleistet sein sollte.

Andersrum gibt es Hinweise darauf, dass Farbstoffe die Problematik verschärfen können – da sie aber im Hundefutter sowieso nichts verloren haben (sollten), sei dies hier nur am Rande erwähnt.

Aber natürlich kann die Umstellung/Überprüfung der Ernährung nur ein kleines Mosaiksteinchen im Umgang mit hyperaktiven Hunden darstellen und sie ggf. ansprechbarer für eine Therapie machen. Weitere Mosaiksteine sind, wie oben bereits angesprochen, die Überprüfung der Schilddrüse, eine angepasste Auslastung, bei der der Hund genauso wenig unterfordert, wie hochgefahren werden sollte; Impulskontrolltraining, konditionierte Entspannung und – auch ganz wichtig – ein möglichst strukturierter Tagesablauf, denn auch ein Hund kann nur entspannen, wenn er weiß, dass die nächsten drei Stunden sowieso nichts passiert.

13.3. Hypersexualität

Oft wird beinah jedem Hund, der mal bei einem anderen aufreitet, eine Hypersexualität (erhöhtes sexuelles Verlangen bzw. ein gesteigertes sexuell motiviertes Handeln) unterstellt, aber vieles, was als Sexualverhalten bezeichnet wird, ist gar keines. Zunächst müsste man also genau beobachten, ob das Aufreiten, das dieser Hund zeigt, auch wirklich etwas mit Sexualverhalten zu tun hat, oder ob es nicht schlichtweg ein Aufreiten im Spiel (hier werden Verhaltensweisen aus allen Funktionskreisen trainiert, und natürlich gehört auch das Sexualverhalten dazu), eine reine Übersprunghandlung oder auch stereotypes Verhalten handelt. Die letzten beiden Möglichkeiten resultieren aus Stress, sprich der Hund ist zwischen zwei konträren Verhaltensweisen, wie z.B. Flucht oder Kampf gefangen, und macht etwas anderes, oder er hat sich im Falle der Stereotypie das Rammeln zum Stressabbau angewöhnt. Natürlich kann das Aufreiten aber auch gehemmtes, offensives Aggressionsverhalten darstellen.

»Echtes« Sexualverhalten ist zum Beispiel am Ausdrucksverhalten des Hundes und an der Aktivierung des Vomeronasalorgans erkennbar. Das Vomeronasalorgan sitzt im Gaumendach und ist für die Auswertung von Pheromonen, also Botenstoffen, zur Informationsübertragung zuständig. Um diese Botenstoffe dahin zu bringen, wo sie ausgelesen werden können, fangen Hunde an, vermehrt zu flehmen, zu speicheln und mit dem Kiefer zu klappern – ein Geräusch, das mindestens den Haltern intakter Rüden bekannt sein dürfte. Manche Hunde zeigen dabei ein ähnliches Verhalten, wie der Weinliebhaber, der einen Schluck Wein mehrfach unter Verwirbelung mit Luft genüsslich über den Gaumen gleiten lässt. Klappernde Kiefer deuten also auf echtes Sexualverhalten hin. Aber auch dann müsste man zunächst abklären, ob es sich um das »ganz normale« Sexualverhalten handelt, das nun mal zum Hund gehört, oder ob es sich wirklich um eine pathologische Hypersexualität handelt. Dass ein Rüde mal Stress hat, wenn eine Hündin im Umfeld läufig ist, und vielleicht auch mal etwas schlechter frisst oder sanfte Arien anstimmt, ist normal und nicht weiter besorgniserregend. Kommt er hingegen gar nicht mehr zur Ruhe und verweigert jeweils über Tage hinweg komplett die Futteraufnahme, hat er sicherlich Stress, den man ihm nicht unbedingt zumuten muss.

Letztendlich muss an dieser Stelle festgehalten werden, dass bei einem tatsächlich hypersexuellen Rüden die Kastration das Mittel der Wahl darstellt, um ihn von seinem Stress zu befreien oder ihn zumindest zu mildern. Aber hier sind wir auch schon beim nächsten Problem: Sexualverhalten funktioniert auch ohne Testosteron, und so zeigen ebenso Kastraten Aufreiten bis zum Hängen. Darum sollte man auf jeden Fall vorher einen »chemischen Probelauf« mittels eines Hormonimplantats machen, das eine chirurgische Kastration gut simuliert, aber reversibel ist.

Nicht jedes Sexualverhalten ist Hypersexualität.

Dennoch kann man auch hier versuchen, über die Fütterung Einfluss zu nehmen und für etwas Entspannung zu sorgen. So hemmt Mönchspfeffer, wie der Name bereits verrät, den Sexualtrieb und kann zur Besserung führen, da er in geringer Dosierung zum Anstieg von Prolaktin und dadurch sekundär zum Abfall von Testosteron führt.

Zahlreiche Tierversuche zeigten außerdem, dass viel Serotonin die Sexualität blockiert und wenig Serotonin zu einer Übersexualisierung führt. Das liegt daran, dass Serotonin im Sexualverhalten ein Gegenspieler des Dopamins ist, das Sexualverhalten auch ohne die Anwesenheit von Testosteron auslösen kann. Eine Erhöhung des Serotoninspiegels über die Fütterung von Tryptophan könnte also zu einer Dämpfung des Sexualverhaltens führen. Übrigens fördern auch Kau- und Schleckbewegungen die Serotoninproduktion, ebenso wie Ausdauersport. Zusätzlich ist es also sicher kein Fehler, dem Hund auch einen Kong oder Kauknochen oder Ähnliches zur Verfügung zu stellen und mit ihm joggen oder Rad fahren zu gehen.

13.4. Scheinträchtigkeit/-mutterschaft

Oft wird im Zusammenhang mit dem Zyklusgeschehen von Hündinnen von Problemverhalten oder einem Krankheitswert gesprochen, wenn von der absolut physiologischen Scheinträchtigkeit/-mutterschaft die Rede ist. Darum muss an dieser Stelle zunächst festgehalten werden, dass beides nun mal zur Hündin gehört und nicht per se ein Problem ist. Der Zyklus der Hündin gibt vor, dass sie, auch wenn sie nicht gedeckt wurde, 63 Tage lang (die ungefähre Trächtigkeitsdauer bei Hunden) in eine Schein-

Brutpflegeverhalten gehört zum Normalverhalten von Caniden.

trächtigkeit kommt und hormonell nicht von einer belegten Hündin zu unterscheiden ist. Das hierfür verantwortliche Hormon ist das Progesteron, das die Wirkung von GABA verstärkt und zu einem ruhigeren Verhalten führt. Viele Halter berichten sogar, dass ihre Hündin selten so kuschelig und anhänglich ist, wie in der Scheinträchtigkeit. Und die Aktivität eine Stufe runterzufahren, wenn man meint, Welpen im Bauch zu haben, ist durchaus sinnvoll. Eine Scheinträchtigkeit ist also zunächst Normalverhalten und kein Problem!

Gegen Ende der (Schein-)Trächtigkeit kommt dann ein weiteres Hormon ins Spiel, das Prolaktin, das für die Milchbildung zuständig ist und für das sorgt, was stets als Scheinträchtigkeit bezeichnet wird: Es beeinflusst im Verhalten die Brutpflege und die Jungtierverteidigung.

Aber wenn die Hündin Milch gibt, Stofftiere verteidigt, das Haus nicht mehr verlassen möchte (wer lässt schon seine Welpen allein?), wäre der Nachwuchs ja bereits auf der Welt, weswegen der Begriff der Scheinmutterschaft hier besser passt.

Auch die Milchproduktion ist übrigens zunächst kein Problem, sondern normal. Problematisch und einen Besuch beim Tierarzt wert, wird sie dann, wenn das Gesäuge nicht nur geschwollen ist und Milch produziert, sondern wenn sich zusätzlich Zeichen von Entzündung (Wärme, Rötung) oder Knoten im Gesäuge zeigen. Dann sollte die Hündin auf jeden Fall dem Tierarzt vorgestellt und über einen Prolaktinhemmer nachgedacht werden.

Dennoch können beide Phänomene je nach Ausprägung natürlich zu Problemen führen und letztendlich auch einen Kastrationsgrund darstellen. Sollte es sich aber um eine normale Ausprägung handeln, stellt sie oft für den Halter ein größeres Problem dar als für die Hündin.

Bei milden Erscheinungsformen kann man aber auch versuchen, eine Beeinflussung der Ausprägung durch die Fütterung zu erreichen. Auch hier sei wieder der Mönchspfeffer erwähnt, der laut Rückmeldungen aus der Beratung oft eine Milderung bringt. Auch bei der Hündin führen hohe Dosierungen zu einem Anstieg des Dopamins, was wiederum die Produktion von Prolaktin drosselt.

Nützlich ist an dieser Stelle auch der Tipp, in der Prolaktinphase sehr restriktiv, also mit einem geringen Energiegehalt, zu füttern. Denn wenn keine Energie mehr zur Verfügung steht, wird die Milchproduktion notgedrungener Weise gedrosselt. So unterstützen auch Züchter ihre Hündinnen beim Abstillen.

Ganz allgemein sei erwähnt, dass die Scheinmutterschaft/-trächtigkeit der Hündin eine der wenigen Situationen ist, in der eine »Zwangsbespaßung« durchaus angemessen ist. Nehmen Sie die Hündin mit raus, lenken Sie sie ab, haben Sie Spaß! Von der Hündin adoptierte Kuscheltiere sollten entfernt werden.

Außerdem benötigen junge Hündinnen einige Monate, bis sich das Zyklusgeschehen eingespielt hat, die Abstände und die Dauer regelmäßig werden, und die Hündin mit ihren Hormonen zurechtkommt.

Sollte sich allerdings dauerhaft keine Besserung einstellen, bleibt aber, wie gesagt, nur die Gabe eines Prolaktinhemmers oder letztendlich die Kastration.

13.5. Abnormal wiederholte Verhaltensweisen – Stereotypien und Zwangsstörungen

Sowohl die Zwangsstörung als auch die Stereotypie gehören zu den abnormal repetitiven Verhaltensweisen (ARV). Beim Menschen können sie klar voneinander abgegrenzt werden, und auch Untersuchungen an Mäusen, Ratten, Vögeln oder Primaten zeigen deutliche Unterschiede. Nur beim Hund ist diese Differenzierung noch nicht wissenschaftlich abgesichert. Dennoch sei sie hier der Vollständigkeit halber erwähnt.

Bei einem stereotypen Verhalten stehen bestimmte, sich wiederholende und im Kontext unangemessene Bewegungsmuster im Vordergrund. So geht man bei einer Stereotypie von einer Dysfunktion in den Basalganglien des ZNS und daraus resultierenden Störungen in der Inhibition, Aktivierung und Kontrolle von Bewegungsabläufen aus, die sich unter anderem in rekurrenter Perseveration (krankhaftes Verweilen bei ein und demselben Denkinhalt) äußern. Es geht hierbei einzig und allein um die ausgeführte Bewegung, ohne dass ein bestimmtes Ziel erreicht werden soll – bei der Stereotypie ist also quasi »der Weg das Ziel«. Stereotypien entstehen in der Regel durch einen akuten Mangelzustand (Mangel an Bewegung, Reizen, Sozialkontakten usw.), der dazu führt, dass die dopaminergenen Fasern im Gehirn unterentwickelt sind. Nun macht das Tier – meist zufällig – die Erfahrung, dass es sich durch rhythmische Bewegungen selbst Dopamin verschaffen kann, was ein Wohlgefühl auslöst und schnell dazu führt, dass das Verhalten wiederholt ausgeführt wird. Das Verlangen nach einer Wiederholung führt aber dann zu einem Entzugssyndrom, das sehr schnell die angenehme, positive Motivation überdeckt. Der Entzug bzw. das Verlangen drückt sich neuronal darin aus, dass die dopaminerge Aktivität im Striatum gesenkt und nur durch erneute Zufuhr des Suchtmittels (also die Ausübung der Stereotypie) wieder normalisiert werden kann. Fatal ist in diesem Zusammenhang, dass Dopamin das Lernen von Bewegungsabläufen beschleunigt. Oft ist es nur ein sehr kurzer Weg von »ich mache mal das« zu »ich mache nur noch und ausschließlich das«. Eine Stereotypie ist also zunächst eine sinnvolle Copingstrategie (Bewältigungsstrategie) für Mangelzustände (so bekommen zum Beispiel Kühe mit einem stereotypen Verhalten seltener Magengeschwüre, als Kühe ohne eine solche Verhaltensweise), die aber schnell aus dem Ruder läuft und sich verselbstständigt.

Aus Stress können Stereotypen entstehen, die zunächst der Stressbewältigung dienen.

Bei Zwangsstörungen hingegen ist der präfrontale Kortex, das Stirnhirn, betroffen, das für die Kontrolle von Impulsen unabdingbar ist. Diese Verhaltensstörungen sind gekennzeichnet durch mangelnde Flexibilität, motorische und kognitive Vorgänge den Umweltbedingungen anzupassen, welche auf einer Enthemmung der Frontalhirnfunktionen basiert und sich unter anderem in unangebrachtem Wiederholen bestimmter Verhaltensziele äußert, die objektiv oder zumindest subjektiv zielgerichtet sind (»das Ziel ist das Ziel«). Diese Störung hängt auch beim Hund vermutlich mit dem Serotonin-Stoffwechsel im präfrontalen Cortex zusammen, da hier das Serotonin die Impulskontrolle vermittelt. So stammt beispielsweise die akrale Leckdermatitis (zwanghaftes Lecken/Putzen) aus dem Funktionskreis des Komfortverhaltens und stellt zunächst ein Normalverhalten dar, wird aber im falschen Kontext und exzessiv gezeigt. Auch das Jagen von Lichtreflexen und Schatten hat zunächst zumindest subjektiv (objektiv macht es natürlich keinen Sinn, Schatten zu jagen) ein Ziel und stammt aus dem Beutefangverhalten, wird aber dann exzessiv gezeigt. Anders ist das zum Beispiel beim Weben (das hin und her Bewegen des Kopfes, das Pferde oder Elefanten häufig zeigen, das aber auch beim Hund auftreten kann), denn diese Bewegung macht keinerlei Sinn und es steht kein Verhaltensziel am Ende.

Da, wie bereits erwähnt, die Unterscheidung beim Hund nicht abgesichert ist, werden beide Störungen nach wie vor unter den ARVs zusammengefasst. Beides führt jedenfalls zu einer massiven Einschränkung der Lebensqualität.

Unterteilt werden die ARVs in verschiedene Grade, so unterbricht ein Hund in Grad 1 sein Verhalten noch spontan, zeigt nur kurze Einzelsequenzen, aber bereits verkürzte Schlafphasen

Auch bei Aggression kann ein Serotoninmangel zugrunde liegen.

(was seinen Stress weiter steigern wird), und fällt durch eine motorische Unruhe auf. Grad 2 ist durch äußere Reize unterbrechbar, zeigt weniger, aber längere Sequenzen, und hat bereits ein deutlich reduziertes Sozial- und Explorationsverhalten und eine eingeschränkte Lernfähigkeit. Grad 3 ist in seinem Tun kaum zu unterbinden und alle lebensnotwendigen Verhaltensweisen sind stark eingeschränkt.

Die Ursachen sind vielfältig, prinzipiell kann man sie aber als eine Manifestation von Stress sehen, die das Tier nicht anders kontrollieren kann. Daneben gibt es auch genetische Prädispositionen, so neigt zum Beispiel der Dobermann dazu, sich an der eigenen Flanke zu besaugen, während der Schäferhund lieber seine Rute jagt und der Border Collie zum Starren und Schatten- und Lichtreflexe-Jagen neigt. Begünstigende Faktoren sind eben das Aufwachsen in Reizarmut oder unter schlechten Bedingungen oder auch eine Schilddrüsenunterfunktion. Besonders gefährdet sind ängstliche, aber gleichzeitig aktive Tiere. Auch aus einem Verhalten, das zunächst als Übersprunghandlung gezeigt wird, kann sich eine ARV entwickeln.

Abgegrenzt werden müssen die ARVs von den partiellen oder auch fokalen Epilepsien, bei denen es nur in einem umschriebenen Bereich des Gehirns zu elektrischen Entladungen kommt, und die sich zum Beispiel auch im Fliegenschnappen (wo keine Fliegen sind!) oder in anderweitig unkontrollierten Bewegungen äußern können. Ein Hund mit einer solchen Symptomatik ist also immer auch einem Neurologen vorzustellen.

Eine Studie untersuchte neben der Unterscheidung von Stereotypien und Zwangsstörungen auch den Einfluss von Tryptophan (mit dem Ziel einer Steigerung des Serotoninspiegels im

Gehirn) in der Therapie von Zwangsstörungen bei Hunden[115]. Die schlechte Nachricht: In der angesprochenen Arbeit ergab sich leider kein Nutzen der Tryptophangabe bei unter ARVs leidenden Hunden. In der Dissertation wird diskutiert, ob es nicht am Studiendesign liegt, da der Einsatz in der Therapie bei anderen Tierarten (inklusive des Menschen) durchaus abgesichert ist.

Aber möchte man über die Ernährung versuchen, Einfluss zu nehmen, so ist sicherlich bei einer Zwangsstörung die Gabe eines Tryptophanpräparates einen Versuch wert. Sicherlich wird man durch alleinige Nahrungsumstellung kein ARV therapieren können, aber ggf. kann es für weitere Therapieschritte die Tür öffnen und den Hund ansprechbarer machen. Auch zur Psychopharmakotherapie werden bei betroffenen Hunden Serotonin-Wiederaufnahmehemmer eingesetzt, um das Serotonin und damit die Impulskontrolle im präfrontalen Cortex zu steigern. Viele der Hunde benötigen eine lebenslange Therapie, nur selten kann das Medikament wieder abgesetzt werden, ohne dass es zu Rückfällen führt.

Weitere Therapieansätze finden sich in der Ermittlung und Vermeidung des potenziellen Auslösers (so es denn einen gibt), in der Schulung des Halters (sowohl Bestrafung als auch Zuwendung können die Symptomatik verstärken), in angemessener körperlicher und mentaler Auslastung, in der konditionierten Entspannung und in der Gegenkonditionierung, bei der ein Alternativverhalten antrainiert wird. Denn würde man dem Tier nur untersagen, **das Verhalten** zu zeigen, würde sich sein Stress noch mehr steigern, da ihm eine wichtige Strategie zur Stressbewältigung genommen wird. Wie bei fast allen Störungen sei hier auch noch der strukturierte Tagesablauf genannt, der Planbarkeit ermöglicht und dadurch Stress und Erwartungshaltung senkt.

Wichtig an dieser Stelle zu erwähnen ist auch noch, dass ein ARV nicht zwangsläufig bedeutet, dass das Tier im Moment unter inadäquaten Bedingungen lebt – es bedeutet nur, dass es das irgendwann mal (in der Regel in der Junghundezeit) getan hat. Auch Bären, die nach Jahren aus schlechter Haltung befreit werden, zeigen in ihrem neuen Lebensraum oft noch jahrelang das stereotype Verhalten, obwohl sie inzwischen unter guten Bedingungen leben. Wichtig ist das deshalb, weil Halter solcher Hunde sich in der Regel schon genug Druck aufbauen, der durch eigene Schuldzuweisungen und Beratungen ohne Beratungsauftrag auf der Hundewiese (»Sie müssen an der Bindung arbeiten!« »Sie müssen Ihren Hund auslasten!« oder »Ihrem Hund geht es bei Ihnen nicht gut, sonst würde er das nicht machen!«) noch verstärkt wird, und der sich dann wiederum auf das Tier überträgt.

13.6. Demenz/ Kognitive Dysfunktion

Bei einer Demenz kommt es zu einem Abbau geistiger Fähigkeiten mit Nachlassen des Gedächtnisses sowie anderer Leistungsbereiche des Gehirns, die zu einer Beeinträchtigung im Kontakt mit der Umwelt führen. Demenz-Syndrome treten gehäuft während des Alterungsprozesses auf, können aber auch bei einer Vielzahl von Erkrankungen auftreten. Beim Hund kann man davon ausgehen, dass die CCD-Prävalenz mindestens im Alter von acht Jahren ansteigt und 14 % bis 35 % der Haustier-

Da die Lebenserwartung von Hunden beständig ansteigt, nehmen auch Altersbegleiterscheinungen wie Demenz zu.

Population betrifft[116]. Bis dahin entwickelt sich die Demenz häufig über Vorstufen, die unter dem Begriff »Mild Cognitive Impairment« (MCI), also der »milden geistigen Beeinträchtigung«. Diese Vorstufen werden in der Humanmedizin ebenfalls als kognitive Dysfunktion zusammengefasst, auch wenn noch keine Beeinträchtigungen des Alltags vorhanden sind. Beim Hund ist dieser Zustand schwierig zu diagnostizieren, weil naturgemäß die Krankengeschichte nur schwer objektiv zu erfassen ist, und Tests zur Einschätzung u.a. der Merkfähigkeit, der Verarbeitungsgeschwindigkeit oder auch der Orientierung teuer und aufwändig sind, und dabei ausgeprägte Fachkenntnis voraussetzen. In dieser Phase denkt der Hundehalter in der Regel »mein Hund hat einen schlechten Tag« oder aber »ist der heute trottelig«.

Welche neurobiologischen Veränderungen, die mit dem Alterungsprozess verknüpft sind, sind bislang bekannt? Wie beim Menschen, findet man eine Abnahme der Gehirnmasse (Atrophie) und den Verlust spezifischer Nervenzellen. Man findet bei AD beim Hund ebenfalls die Ansammlung sogenannter ß-Amyloid Plaques, Ablagerungen, die die Kommunikation der Nervenzellen stören: Das Gehirn »rostet«. Durch Anstieg der freien Radikale wird der neuronale Zellstoffwechsel, insbesondere die Energiegewinnung durch die Mitochondrien, behindert.

CCD ist eine neurodegenerative Erkrankung, die wie oben gesagt, vor allem den Senior-Hund betrifft und wesentlich in sein Verhalten eingreift. Orientierungsprobleme, Kommunikationsprobleme mit dem Menschen und anderen Hunden gehen häufig damit einher, Störungen im Schlaf-Wach-Rhythmus, häusliche Unsauberkeiten und verminderte Aktivität sind weitere typische Begleiterscheinungen.

Es stellt sich die berechtigte Frage, kann CCD irgendwie ernährungstechnisch, vielleicht sogar

vorbeugend, beeinflusst werden? Ernährungstechnische Intervention bei CCD wird schon lange versucht, zum Teil auch mit vielversprechenden Ergebnissen[117]. Die empfohlenen Maßnahmen basieren im Wesentlichen auf der zusätzlichen Gabe von Antioxidantien (die mindestens beim Trockenfutter sowieso reichlich vorhanden sind, siehe Zusatz von Ascorbinsäure, E300) und anderen Stoffen, die das Leben der Zelle (vor allem der Nervenzelle) verlängern sollen[118]. Sehr vielversprechende Befunde rücken eine CCD positive Wirkung durch Futterzugabe mittelkettiger Fettsäuren (MCT) in den Fokus. Möglicherweise wandern MCT besonders gut in das Gehirn und verbessern die Energieversorgung der Nervenzellen[119]. Triglyceride mit Fettsäuren mittlerer Kettenlänge werden als MCT-Fette bezeichnet. Sie enthalten gesättigte Fettsäuren mittlerer Kettenlänge, im Wesentlichen mit 6 (Capronsäure), 8 (Caprylsäure), 10 (Caprinsäure) und 12 (Laurinsäure) Kohlenstoffatomen. Die Abgrenzung der mittelkettigen Fettsäuren von den langkettigen (> 12 Kohlenstoffatome) erfolgt im Bereich der Ernährung am besten auf Grund des Verhaltens beim Transport aus dem Darm und im Stoffwechsel. Die C8-Körper werden am besten aufgenommen. Kokosöl ist bekanntlich ein guter MCT-Träger. Die Wirkung könnte aber auch über Ketonkörper erzeugt werden, die dem MCT-Stoffwechsel entstammen. Es für den Hund bekannt, dass Ketonkörper die Gehirnleistung verbessern können[120]. Auch bei Epilepsie haben MCTs eine positive Wirkung entfaltet[112]. Die genauen Mechanismen sind bislang aber nicht bekannt. Weitere Details werden in Kapitel 11.3 diskutiert.

Fazit: **Demenz/ Kognitive Dysfunktion**

Beim Menschen werden primär-degenerative und symptomatische Demenzen unterschieden. Zu den primär degenerativen Demenzen, bei denen es ohne andere verursachende Erkrankung zu einem Hirnabbau kommt, gehört die klassische Alzheimer-Demenz (AD). Symptomatische Demenzen können auftreten bei Hirngefäßerkrankungen, Tumoren oder Entzündungen im Gehirn, Störungen des Stoffwechsels, durch Medikamente, Gifte und chronischen Alkoholgebrauch oder andere Suchtmittel. Im angelsächsischen Sprachgebrauch wird die canine kognitive Dysfunktion (engl. CCD) der humanen AD gleichgesetzt, weil sie in vielen Aspekten der Pathogenese beim Menschen sehr ähnlich ist[116, 121]. Der Hund stellt aufgrund seines dem Menschen weitgehend angepassten Lebensablaufs ein interessantes Modell für die Forschung im Bereich der humanen Demenz dar. Die Anwendung verschiedener Antioxidantien zeigte zumindest in einigen Untersuchungen vielversprechende Ansätze in Richtung kurz- oder langfristiger Verbesserungen des Gehirnstoffwechsels und des Lernverhaltens der Studienhunde[122]. Eine Antioxidantien-Anreicherung in Kombination mit Arginin, B-Vitaminen und MCT (BPB, Brain Protection Blend) konnte die kognitive Leistung und damit das Verhalten beim Hund positiv beeinflussen[123].

Fressen rückt zunehmend in den Fokus alter Hunde.

Ausblick

Die aktuellen Studien zum Thema Ernährung & Verhalten haben wir für dieses Buch alle ausgewertet und versucht, die bisherige Evidenz herauszuarbeiten. Sie deckt sich mit den Erfahrungen aus über zehn Jahren Beratung von Menschen und ihren Hunden. Wie aber Jürgen Zentek schon im Vorwort schreibt: »Wissenschaft ist im Fluss.« Das sehen wir auch so, und das ist gut so. Die Hundeernährung und der Einfluss auf den Hund gewinnt zunehmend an Interesse und wird immer spezifischer untersucht, sowohl in der Wissenschaft als auch in der Industrie. Dennoch wissen wir auch, dass wir vieles noch nicht kennen und hoffen, dass die Wissenschaft sich weiterhin diesem spannenden Thema widmet.

Vergleichsweise neu ist auch das Thema »Mikrobiom des Hundes«, wie in diesem Buch beschrieben. Ähnlich wie ein tropischer Regenwald ist auch das Mikrobiom ein komplexes Ökosystem, das nur durch ein perfektes Zusammenspiel der verschiedenen Organismen funktioniert. Beim Menschen ist schon bekannt, wie wichtig sein Beitrag zur Gesundheit ist, auch wenn es hier ebenfalls noch viele Fragezeichen gibt. Beim Hund dürfte das ähnlich sein und auch hier darf man auf weitere spannende Forschungsergebnisse gespannt sein!

Vielleicht können wir ja bereits in ein paar Jahren eine überarbeitete Neuauflage zu diesem Buch mit weiteren spannenden Forschungsergebnissen in Angriff nehmen – wir wünschen es uns!

Danksagung

Mein Gott bin ich froh, dass die Kuh jetzt vom Eis ist. Jeder »Schreiber« wird wissen, was ich damit meine, nämlich, wenn die Druckfreigabe erfolgt ist und das Ergebnis endlich in der Hand liegt.

Meiner Frau Heike Schröder, Tierärztin mit Schwerpunkt Tierverhaltenstherapie, und selbst Hundesportlerin, möchte ich als erstes danken. Sie hat für mich themenbezogen die ideale Brücke zwischen Hunde-Praktikern und Theoretikern gebildet.

Die Idee, ein gemeinsames Projekt mit Sophie zu machen, war ein Volltreffer. Ich danke Dir, Sophie, für viele Hin-und-Her-Mails, WhatsApps und die langen Telefonate. Es war eine lange Begleitzeit, dabei haben wir uns nur selten persönlich getroffen, ich in Norddeutschland, Du im Süden. Die Chemie hat aber spontan gestimmt und wir haben uns virtuell ähnlich verstanden wie ein »altes Ehepaar«.

Dr. med. vet. Tina Marie Hämpke soll besonders erwähnt werden, da sie meine Anfangsidee »Ernährung und Verhalten« mit ihrer Dissertation an der TiHo Hannover toll umgesetzt hat. Man denke nur an die endlosen Literaturrecherchen und ihre Befürchtungen, irgendetwas übersehen zu haben.

Bernd Schröder

Ich danke allen, die meine phasenweise üble Laune beim Prokrastinieren mit Fassung getragen haben, allen vorweg der Strodtbeck-Meute, die im Schreibprozess sicherlich kürzer kam, als sonst. Aber irgendwer muss ja auch das Hundefutter verdienen ...

Natürlich gilt mein Dank auch meinem Co-Autor Bernd Schröder, mit dem die Arbeit meist leicht von der Hand ging.

Darf man Corona danken? Sicherlich nicht, dennoch war ich froh über die unverhofft freie Zeit, zu der mir das Virus verholfen hat und die ich wunderbar zum Schreiben nutzen konnte.

Außerdem danke ich inzwischen über tausend Hunden und ihren Menschen, die in den letzten zehn Jahren den Weg in meine Beratung gefunden haben und mir zu einem sehr großen Erfahrungsschatz verholfen haben, der in dieses Buch mit eingeflossen ist.

Sophie Strodtbeck

Wir danken außerdem unserem Kollegen Jürgen Zentek für die Übernahme des Vorwortes. Er ist mit Sicherheit einer der kompetentesten »Hundeernährer« in Deutschland und hat uns viele gute Hinweise gegeben, z.B. bezüglich Wissenschaft, Futtermittelrecht und Versorgungsempfehlungen.

Danke an Armin Panzer von ALP Fotodesign für seine Geduld mit der Strodtbeck-Meute im Studio und das Titelbild.

Unser Dank gilt selbstverständlich auch Claudia König vom Müller Rüschlikon Verlag. Sie ließ uns, wie immer, freie Hand und wir fühlten uns stets gut betreut. Das nächste Thema ist deswegen auch bereits in Planung.

Ohne unsere Hunde wäre nichts so wie vorliegend gelaufen. Vielmals Danke dafür bzw. ein paar Leckerlis, die sie immer extra bekamen, damit wir beim Schreiben unsere Ruhe hatten. Jetzt ist erstmal Diät angesagt.

Sophie Strodtbeck & Bernd Schröder

Die Autoren

Bernd Schröder

Der Tierphysiologe Apl. Prof. Dr. rer. nat. Bernd Schröder stammt aus Hannover und hat dort an der Leibniz Universität das Fach Biologie studiert. Seine Diplomarbeit hat er über das Verhalten und die Sinnesphysiologie von Insekten angefertigt. Anschließend erfolgte die Promotion über Vitamin D und Calcium-Stoffwechsel an der Stiftung Tierärztliche Hochschule Hannover (TiHo). Die Habilitation erfolgte im Fach Physiologie an der Justus-Liebig-Universität Gießen und seit 1997 ist Dr. Schröder wieder an der TiHo als Dozent in Allgemeiner und Spezieller Physiologie in den Studiengängen Tiermedizin und Biologie sowie in der Forschung im Bereich Endokrinologie, Knochenstoffwechsel, Neuro- und Ernährungsphysiologie tätig. Im Hundesport betreibt er Vereinsarbeit und gibt thematisch unterschiedliche Kynologie-Seminare zur Trainer Aus- und Fortbildung im DVG sowie als freier Referent bei einschlägigen Kongressen, Tagungen und Workshops. Des Weiteren war der Referent viele Jahre im Rally Obedience-Hundesport mit seinen Hunden aktiv.

Sophie Strodtbeck

Sophie Strodtbeck, geboren 1975, hat an der LMU München Tiermedizin studiert. Nach einigen Jahren in der Praxis kehrte sie dieser den Rücken und ist nun seit bereits über zehn Jahren als Referentin in der Weiterbildung von Hundehaltern, Hundetrainern und Tierärzten tätig, hält Seminare im In- und Ausland. Sie veröffentlicht regelmäßig Artikel in Fachmagazinen und hat bereits mehrere Bücher rund um den Hund und sein Verhalten geschrieben. Ihr Spezialgebiet ist dabei die Verhaltensmedizin, die den Bereich zwischen reiner Tiermedizin und reiner Verhaltensbiologie abdeckt. In diesen Themen ist sie auch seit längerem in der Beratung von Hundehaltern tätig.

Außerdem ist Sophie Strodtbeck leidenschaftliche Tierfotografin und nicht minder leidenschaftliche Hundehalterin, die seit über zwanzig Jahren mit diversen Hundepersönlichkeiten an ihrer Seite durchs Leben geht; denn ein Leben ohne Hund ist möglich, lohnt sich aber nicht.

Literatur

1 **Dodds WJ, Laverdure DR.** Nutrigenomik für Hunde. Die neuesten Erkenntnisse der Genforschung für die optimale Ernährung. *2. Aufl.; 2019*

2 **Baek JH, Nierenberg AA, Kinrys G.** Clinical applications of herbal medicines for anxiety and insomnia; targeting patients with bipolar disorder. *Aust N Z J Psychiatry 2014; 48 (8): 705–715. doi:10.1177/0004867414539198*

3 **Manteca X.** Nutrition and behavior in senior dogs. *Top Companion Anim Med 2011; 26 (1): 33–36. doi:10.1053/j.tcam.2011.01.003*

4. **Mugford RA.** The influence of nutrition on canine behaviour. *Journal of Small Animal Practice 1987; 28 (11): 1046–1055*

5. **Schroll S, Dehasse J, Röhrs K.** Verhaltensmedizin beim Hund. Leitsymptome, Diagnostik, Therapie und Prävention. *Kleintier konkret Praxisbuch. 2. Aufl.; 2016*

6 **Bradshaw J.** In defence of dogs. *London: Allen Lane; 2011*

7 **Gansloßer U, Kitchenham K.** Forschung trifft Hund. Neue Erkenntnisse zu Sozialverhalten, geistigen Leistungen und Ökologie. *Stuttgart: Kosmos; 2012*

8 **Löscher W, Bäumer W, Hrsg.** Pharmakotherapie bei Haus- und Nutztieren. 9. Aufl. Stuttgart: Enke; 2014

9 **Groessl F, Munsch T, Meis S, et al.** Dorsal tegmental dopamine neurons gate associative learning of fear. *Nat Neurosci 2018; 21 (7): 952–962. doi:10.1038/s41593-018-0174-5*

10 **Parker G, Brotchie H.** Mood effects of the amino acids tryptophan and tyrosine: ‚Food for Thought' III. *Acta Psychiatr Scand 2011; 124 (6): 417–426. doi:10.1111/j.1600-0447.2011.01706.x*

11 **Dracheva S, Patel N, Woo DA, et al.** Increased serotonin 2C receptor mRNA editing: a possible risk factor for suicide. *Mol Psychiatry 2008; 13 (11): 1001–1010. doi:10.1038/sj.mp.4002081*

12 **Löscher W, Hrsg.** Pharmakotherapie bei Haus- und Nutztieren. *9. Aufl. Stuttgart: Enke; 2014*

13 **Odendaal JSJ, Meintjes RA.** Neurophysiological correlates of affiliative behaviour between humans and dogs. *Vet J 2003; 165 (3): 296–301. doi:10.1016/s1090-0233(02)00237-x*

14 **Persson ME, Trottier AJ, Bélteky J, et al.** Intranasal oxytocin and a polymorphism in the oxytocin receptor gene are associated with human-directed social behavior in golden retriever dogs. *Horm Behav 2017; 95: 85–93. doi:10.1016/j.yhbeh.2017.07.016*

15 **Strodtbeck S, Gansloßer U.** Kastration und Verhalten beim Hund. *Stuttgart: Müller Rüschlikon; 2011*

16 **Emet M, Ozcan H, Ozel L, et al.** A Review of Melatonin, Its Receptors and Drugs. *Eurasian J Med 2016; 48 (2): 135–141. doi:10.5152/eurasianjmed.2015.0267*

17 **Bubenik GA, Konturek SJ.** Melatonin and aging: prospects for human treatment. J Physiol Pharmacol 2011; 62 (1): 13–19

18 **Nickel R, Schummer A, Seiferle E, Frewein J, Hrsg.** Eingeweide./Richard Nickel, August Schummer, Eugen Seiferle ; 2. Lehrbuch der Anatomie der Haustiere. 9. Aufl. Stuttgart: Parey; 2004

19 **Zentek J.** Ernährung des Hundes. Grundlagen – Fütterung – Diätetik. 8. Aufl. Stuttgart: Enke Verlag; 2016

20 **Martina Dick RN.** Vomitus – Diagnostisches Vorgehen und symptomatische Therapie. Kleintier Konkret 2007; 10 (S 1): 18–25

21 **Oswald H, Sharkey M, Pade D, et al.** Canine gastrointestinal physiology: Breeds variations that can influence drug absorption. *Eur J Pharm Biopharm 2015; 97 (Pt A): 192–203. doi:10.1016/j.ejpb.2015.09.009*

22 **Di Cerbo A, Morales-Medina JC, Palmieri B, et al.** Functional foods in pet nutrition: Focus on dogs and cats. *Res Vet Sci 2017; 112: 161–166. doi:10.1016/j.rvsc.2017.03.020*

23 **Grześkowiak Ł, Endo A, Beasley S, et al.** Microbiota and probiotics in canine and feline welfare. *Anaerobe 2015; 34: 14–23. doi:10.1016/j.anaerobe.2015.04.002*

24 **Deng P, Swanson KS.** Gut microbiota of humans, dogs and cats: current knowledge and future opportunities and challenges. *Br J Nutr 2015; 113 Suppl: S6-17. doi:10.1017/S0007114514002943*

25 **Mondo E, Marliani G, Accorsi PA, et al.** Role of gut microbiota in dog and cat's health and diseases. *Open Vet J 2019; 9 (3): 253–258. doi:10.4314/ovj.v9i3.10*

26 **Drago L, Valentina C, Fabio P.** Gut microbiota, dysbiosis and colon lavage. *Dig Liver Dis 2019; 51 (9): 1209–1213. doi:10.1016/j.dld.2019.06.012*

27 **Huang Z, Pan Z, Yang R, et al.** The canine gastrointestinal microbiota: early studies and research frontiers. *Gut Microbes 2020: 1–20. doi:10.1080/19490976.2019.1704142*

28 **Pilla R, Suchodolski JS.** The Role of the Canine Gut Microbiome and Metabolome in Health and Gastrointestinal Disease. *Front Vet Sci 2019; 6: 498. doi:10.3389/fvets.2019.00498*

29 **Jenkins EK, DeChant MT, Perry EB.** When the Nose Doesn't Know: Canine Olfactory Function Associated With Health, Management, and Potential Links to Microbiota. *Front Vet Sci 2018; 5: 56. doi:10.3389/fvets.2018.00056*

30 **Jacka FN.** Nutritional Psychiatry: Where to Next? EBioMedicine 2017; 17: 24–29. doi:10.1016/j.ebiom.2017.02.020

31 **Kirchoff NS, Udell MAR, Sharpton TJ.** The gut microbiome correlates with conspecific aggression in a small population of rescued dogs (Canis familiaris). *PeerJ 2019; 7: e6103. doi:10.7717/peerj.6103*

32 **Thomann AK, Mak JWY, Zhang JW, et al.** Review article: bugs, inflammation and mood-a microbiota-based approach to psychiatric symptoms in inflammatory bowel diseases. *Aliment Pharmacol Ther 2020. doi:10.1111/apt.15787*

33 **Vendrik KEW, Ooijevaar RE, Jong PRC de, et al.** Fecal Microbiota Transplantation in Neurological Disorders. *Front Cell Infect Microbiol 2020; 10: 98. doi:10.3389/fcimb.2020.00098*

34 **Masino SA, Freedgood NR, Reichert HR, et al.** Dietary intervention for canine epilepsy: Two case reports. *Epilepsia Open 2019; 4 (1): 193–199. doi:10.1002/epi4.12305*

35 **Roberts MT, Bermingham EN, Cave NJ, et al.** Macronutrient intake of dogs, self-selecting diets varying in composition offered ad libitum. *J Anim Physiol Anim Nutr (Berl) 2018; 102 (2): 568–575. doi:10.1111/jpn.12794*

36 **Arendt M, Cairns KM, Ballard JWO, et al.** Diet adaptation in dog reflects spread of prehistoric agriculture. *Heredity (Edinb) 2016; 117 (5): 301–306. doi:10.1038/hdy.2016.48*

37 **Hand MS, Oslage HJ (Eds.).** Klinische Diätetik für Kleintiere. 4. Edition Topeka, Kan., Morris Inst. 2002

38 **Bibus D, Lands B.** Balancing proportions of competing omega-3 and omega-6 highly unsaturated fatty acids (HUFA) in tissue lipids. *Prostaglandins Leukot Essent Fatty Acids 2015; 99: 19–23. doi:10.1016/j.plefa.2015.04.005*

39. **Engelhardt W von, Breves G, Diener M, Gäbel G, Hrsg.** Physiologie der Haustiere. *5. Aufl. Stuttgart: Enke Verlag; 2015*

40 **Axelsson E, Ratnakumar A, Arendt M-L, et al.** The genomic signature of dog domestication reveals adaptation to a starch-rich diet. *Nature 2013; 495 (7441): 360–364. doi:10.1038/nature11837*

41 **National Research Council.** Nutrient requirements of dogs and cats. *Washington, D.C.: National Academies; 2006*

42 **Ausschuß für Bedarfsnormen der Gesellschaft für Ernährungsphysiologie.** Hunde. Dogs. Bd. 5. Energie- und Nährstoffbedarf landwirtschaftlicher Nutztiere. *Frankfurt a.M.; 1989*

43 **Meyer H, Zentek J.** Ernährung des Hundes. Grundlagen – Fütterung – Diätetik. 7. Aufl. *Stuttgart: Enke; 2013*

44 **Godoy MRC de.** PANCOSMA COMPARATIVE GUT PHYSIOLOGY SYMPOSIUM: ALL ABOUT APPETITE REGULATION: Effects of diet and gonadal steroids on appetite regulation and food intake of companion animals. *J Anim Sci 2018; 96 (8): 3526–3536. doi:10.1093/jas/sky146*

45 **Kienzle E, Dobenecker B, Eber S.** Effect of cellulose on the digestibility of high starch versus high fat diets in dogs. *J Anim Physiol Anim Nutr (Berl) 2001; 85 (5-6): 174–185. doi:10.1046/j.1439-0396.2001.00315.x*

46 **Panasevich MR, Rossoni Serao MC, Godoy MRC de, et al.** Potato fiber as a dietary fiber source in dog foods. *J Anim Sci 2013; 91 (11): 5344–5352. doi:10.2527/jas.2013-6842*

47 **Olson CR, Mello CV.** Significance of vitamin A to brain function, behavior and learning. *Mol Nutr Food Res 2010; 54 (4): 489–495. doi:10.1002/mnfr.200900246*

48 **Markovich JE, Heinze CR, Freeman LM.** Thiamine deficiency in dogs and cats. *J Am Vet Med Assoc 2013; 243 (5): 649–656. doi:10.2460/javma.243.5.649*

49 **Gordon DS, Rudinsky AJ, Guillaumin J, et al.** Vitamin C in Health and Disease: A Companion Animal Focus. *Top Companion Anim Med 2020; 39: 100432. doi:10.1016/j.tcam.2020.100432*

50 **Sultan S, Taimuri U, Basnan SA, et al.** Low Vitamin D and Its Association with Cognitive Impairment and Dementia. *J Aging Res 2020; 2020: 6097820. doi:10.1155/2020/6097820*

51 **Riley CA, Renshaw PF.** Brain choline in major depression: A review of the literature. *Psychiatry Res Neuroimaging 2018; 271: 142–153. doi:10.1016/j.pscychresns.2017.11.009*

52 **Kirkland AE, Sarlo GL, Holton KF.** The Role of Magnesium in Neurological Disorders. *Nutrients 2018; 10 (6). doi:10.3390/nu10060730*

53 **Jia H, Pustovyy OM, Wang Y, et al.** Enhancement of Odor-Induced Activity in the Canine Brain by Zinc Nanoparticles: A Functional MRI Study in Fully Unrestrained *Conscious Dogs. Chem Senses 2016; 41 (1): 53–67. doi:10.1093/chemse/bjv054*

54 **Cummings JE, Kovacic JP.** The ubiquitous role of zinc in health and disease. *J Vet Emerg Crit Care (San Antonio) 2009; 19 (3): 215–240. doi:10.1111/j.1476-4431.2009.00418.x*

55 **Zimmermann B.** Dr. Jekyll & Mr. Hund. Ausgeglichene Schilddrüse – ausgeglichener Hund. *Stuttgart, New York: Georg Thieme Verlag; 2019*

56 **Vervuert I, Rückert C.** Der BARF-Trend in der Hundeernährung – Eine Herausforderung für den Tierarzt? *Kleintier Konkret 2017; 20 (03): 12–15. doi:10.1055/s-0043-101858*

57 **Handl S, Zimmermann S, Iben C.** Reasons for Dog Owners to Choose Raw Diets (»BARF«) and Nutritional Adequacy of Raw Diet Recipes Fed to Dogs in Austria and Germany. *Congress of the ESVCN: Proc 16th; Byd-Goszcz, Polen, 2012: 124*

58 **Wendel F, Kienzle E, Bohnke R, Dobenecker B.** Microbiological Contamination And Inappropriate Composition of BARF-Food. *16th Congress of the ESVCN, Bydgoszcz, Polen 2012: 67*

59 **Joffe DJ, Schlesinger DP.** Preliminary assessment of the risk of Salmonella infection in dogs fed raw chicken diets. *The Canadian veterinary journal 2002; 43 (6): 441–442*

60 **Finley R, Reid-Smith R, Weese JS.** Human health implications of Salmonella-contaminated natural pet treats and raw pet food. *Clin Infect Dis 2006; 42 (5): 686–691. doi:10.1086/500211*

61 **Alenza DP, Rutteman GR, Peña L, Beynen AC, Cuesta P.** Relation between habitual diet and canine mammary tumors in a case-control study. *J Vet Intern Med 1998; 12 (3): 132–139*

62 **Bray EE, Sammel MD, Cheney DL, et al.** Effects of maternal investment, temperament, and cognition on guide dog success. *Proc Natl Acad Sci U S A 2017; 114 (34): 9128–9133. doi:10.1073/pnas.1704303114*

63 **McCauley SR, Clark SD, Quest BW, et al.** Review of canine dilated cardiomyopathy in the wake of diet-associated concerns. *J Anim Sci 2020; 98 (6). doi:10.1093/jas/skaa155*

64 **Vanak AT, Gompper ME.** Dietary Niche Separation between Sympatric Free-Ranging Domestic Dogs and Indian Foxes in Central India: Table 1. *J Mammal 2009; 90 (5): 1058–1065. doi:10.1644/09-MAMM-A-107.1*

65 **Silva-Rodriguez EA, Ortega-Solis GR, Jiménez JE.** Conservation and ecological implications of the use of space by chilla foxes and free-ranging dogs in a human-dominated landscape in southern Chile. *Austral Ecology 2010; 35 (7): 765–777. doi:10.1111/j.1442-9993.2009.02083.x*

66 **Spears JK, Fahey GC.** Resistant starch as related to companion animal nutrition. J AOAC Int 2004; 87 (3): 787–791

67 **Raffan E, Dennis RJ, O'Donovan CJ, et al.** A Deletion in the Canine POMC Gene Is Associated with Weight and Appetite in Obesity-Prone Labrador Retriever Dogs. *Cell Metab 2016; 23 (5): 893–900. doi:10.1016/j.cmet.2016.04.012*

68 **Salt C, Morris PJ, Wilson D, et al.** Association between life span and body condition in neutered client-owned dogs. J Vet Intern Med 2019; 33 (1): 89–99. doi:10.1111/jvim.15367

69 **German AJ, Blackwell E, Evans M, et al.** Overweight dogs are more likely to display undesirable behaviours: results of a large online survey of dog owners in the UK. *J Nutr Sci 2017; 6: e14. doi:10.1017/jns.2017.5*

70. **Weber M, Bissot T, Servet E, et al.** A high-protein, high-fiber diet designed for weight loss improves satiety in dogs. *J Vet Intern Med 2007; 21 (6): 1203–1208. doi:10.1892/07-016.1*

71 **Butterwick RF, Hawthorne AJ.** Advances in dietary management of obesity in dogs and cats. *J Nutr 1998; 128 (12 Suppl): 2771S-2775S. doi:10.1093/jn/128.12.2771S*

72 **Crowell-Davis SL, Barry K, Ballam JM, et al.** The effect of caloric restriction on the behavior of pen-housed dogs: Transition from restriction to maintenance diets and long-term effects. *Applied Animal Behaviour Science 1995; 43 (1): 43–61. doi:10.1016/0168-1591(94)00548-S*

73 **Miller HC, DeWall CN, Pattison K, et al.** Too dog tired to avoid danger: self-control depletion in canines increases behavioral approach toward an aggressive threat. *Psychon Bull Rev 2012; 19 (3): 535–540. doi:10.3758/s13423-012-0231-0*

74 **Miller HC, Bender C.** The breakfast effect: dogs (Canis familiaris) search more accurately when they are less hungry. *Behav Processes 2012; 91 (3): 313–317. doi:10.1016/j.beproc.2012.09.012*

75 **Hämpke TM.** Der Einfluss der Ernährung auf Neurophysiologie und Verhalten des Hundes : Eine wissenschaftliche Bewertung. *Hannover: Stiftung Tierärztliche Hochschule Hannover; 2019*

76 **Wainwright PE.** Do essential fatty acids play a role in brain and behavioral development? *Neurosci Biobehav Rev 1992; 16 (2): 193–205. doi:10.1016/s0149-7634(05)80180-0*

77 **Bosch G, Beerda B, Hendriks WH, et al.** Impact of nutrition on canine behaviour: current status and possible mechanisms. *Nutr Res Rev 2007; 20 (2): 180–194. doi:10.1017/S095442240781331X*

78 **Scorza FA, Cavalheiro EA, Arida RM, et al.** Positive impact of omega-3 fatty acid supplementation in a dog with drug-resistant epilepsy: a case study. *Epilepsy Behav 2009; 15 (4): 527–528. doi:10.1016/j.yebeh.2009.05.013*

79 **Re S, Zanoletti M, Emanuele E.** Aggressive dogs are characterized by low omega-3 polyunsaturated fatty acid status. *Vet Res Commun 2008; 32 (3): 225–230. doi:10.1007/s11259-007-9021-y*

80 **Pan Y, Landsberg G, Mougeot I, et al.** Efficacy of a Therapeutic Diet on Dogs With Signs of Cognitive Dysfunction Syndrome (CDS): A Prospective Double Blinded Placebo Controlled Clinical Study. *Front Nutr 2018; 5: 127. doi:10.3389/fnut.2018.00127*

81 **Hadley KB, Bauer J, Milgram NW.** The oil-rich alga Schizochytrium sp. as a dietary source of docosahexaenoic acid improves shape discrimination learning associated with visual processing in a canine model of senescence. *Prostaglandins Leukot Essent Fatty Acids 2017; 118: 10–18. doi:10.1016/j.plefa.2017.01.011*

82 **Köhler K.** Evaluierung von somatischen Ursachen für Verhaltensveränderungen beim Hund in der tierärztlichen Praxis [@ München, Univ., Diss, 2005]. Im Internet: http://edoc.ub.uni-muenchen.de/archive/00003396

83 **Aronson L.** Animal behavior case of the month. A dog was evaluated because of extreme fear. *J Am Vet Med Assoc 1999; 215 (1): 22–24*

84 **Plumb DC.** Plumb's veterinary drug handbook. 8th ed. *Ames, Iowa: Wiley-Blackwell; 2015*

85 **Lefman SH, Prittie JE.** Psychogenic stress in hospitalized veterinary patients: Causation, implications, and therapies. *J Vet Emerg Crit Care (San Antonio) 2019; 29 (2): 107–120. doi:10.1111/vec.12821*

86 **Niggemann JR, Tichy A, Eberspächer-Schweda MC, et al.** Preoperative calming effect of melatonin and its influence on propofol dose for anesthesia induction in healthy dogs. *Vet Anaesth Analg 2019; 46 (5): 560–567. doi:10.1016/j.vaa.2019.02.009*

87 **Mougeot I.** Diätetisches Stressmanagement – Die anxiolytische Wirkung von Alpha-Casozepin und Co. *Kleintier Konkret 2010 (S1): 28–32*

88 **Landsberg G, Milgram B, Mougeot I, et al.** Therapeutic effects of an alpha-casozepine and L-tryptophan supplemented diet on fear and anxiety in the cat. *J Feline Med Surg 2017; 19 (6): 594–602. doi:10.1177/1098612X16669399*

89 **Werner Y.** Untersuchung zur Wirksamkeit von Zylkène® bei Hunden mit Trennungsangst. *Diss. LMU München; 2013*

90 **Dowling ALS, Head E.** Antioxidants in the canine model of human aging. *Biochim Biophys Acta 2012; 1822 (5): 685–689. doi:10.1016/j.bbadis.2011.09.020*

91 **Binks J, Taylor S, Wills A, et al.** The behavioural effects of olfactory stimulation on dogs at a rescue shelter. *Applied Animal Behaviour Science 2018; 202: 69–76. doi:10.1016/j.applanim.2018.01.009*

92 **Jung HY, Yoo DY, Kim W, et al.** Valeriana officinalis root extract suppresses physical stress by electric shock and psychological stress by nociceptive stimulation-evoked responses by decreasing the ratio of monoamine neurotransmitters to their metabolites. *BMC Complement Altern Med 2014; 14: 476. doi:10.1186/1472-6882-14-476*

93 **Kyrou I, Christou A, Panagiotakos D, et al.** Effects of a hops (Humulus lupulus L.) dry extract supplement on self-reported depression, anxiety and stress levels in apparently healthy young adults: a randomized, placebo-controlled, double-blind, crossover pilot study. *Hormones (Athens) 2017; 16 (2): 171–180. doi:10.14310/horm.2002.1738*

94 **Schroll S, Dehasse J, Röhrs K.** Verhaltensmedizin beim Hund. Leitsymptome, Diagnostik, Therapie und Prävention. *Kleintier konkret Praxisbuch. 2. Aufl.; 2016*

95 **Schroll S.** Phyto-Psychopharmaka für den Einsatz bei Hund und Katze. *kleintier.konkret 2010 (1): 8–12*

96 **Ben-Eliezer D, Yechiam E.** Hypericum perforatum as a cognitive enhancer in rodents: A meta-analysis. *Sci Rep 2016; 6: 35700. doi:10.1038/srep35700*

97 **Harvey DJ, Samara E, Mechoulam R.** Comparative metabolism of cannabidiol in dog, rat and man. *Pharmacol Biochem Behav 1991; 40 (3): 523–532. doi:10.1016/0091-3057(91)90358-9*

98 **Łebkowska-Wieruszewska B, Stefanelli F, Chericoni S, et al.** Pharmacokinetics of Bedrocan®, a cannabis oil extract, in fasting and fed dogs: An explorative study. *Res Vet Sci 2019; 123: 26–28. doi:10.1016/j.rvsc.2018.12.003*

99 **McGrath S, Bartner LR, Rao S, et al.** Randomized blinded controlled clinical trial to assess the effect of oral cannabidiol administration in addition to conventional antiepileptic treatment on seizure frequency in dogs with intractable idiopathic epilepsy. *J Am Vet Med Assoc 2019; 254 (11): 1301–1308. doi:10.2460/javma.254.11.1301*

100 **Brutlag A, Hommerding H.** Toxicology of Marijuana, Synthetic Cannabinoids, and Cannabidiol in Dogs and Cats. *Vet Clin North Am Small Anim Pract 2018; 48 (6): 1087–1102. doi:10.1016/j.cvsm.2018.07.008*

101 **Berk BA, Packer RMA, Law TH, et al.** Investigating owner use of dietary supplements in dogs with idiopathic epilepsy. *Res Vet Sci 2018; 119: 276–284. doi:10.1016/j.rvsc.2018.07.004*

102 **Rahim NS, Lim SM, Mani V, et al.** Enhanced memory in Wistar rats by virgin coconut oil is associated with increased antioxidative, cholinergic activities and reduced oxidative stress. *Pharm Biol 2017; 55 (1): 825–832. doi:10.1080/13880209.2017.1280688*

103 **Ernst E, Stevinson C.** Ginkgo biloba for tinnitus: a review. *Clin Otolaryngol Allied Sci 1999; 24 (3): 164–167. doi:10.1046/j.1365-2273.1999.00243.x*

104 **Shen M, Lu Z, Ye Q.** Effects of an extract of Ginkgo biloba on the blood flow of brains and back legs of dogs. Zhong Yao Cai 2000; 23 (12): 764–766

105 **Reichling J, Frater-Schröder M, Herzog K, et al.** Reduction of behavioural disturbances in elderly dogs supplemented with a standardised Ginkgo leaf extract. *Schweiz Arch Tierheilkd 2006; 148 (5): 257–263. doi:10.1024/0036-7281.148.5.257*

106 **Lin S-H, Chou M-L, Chen W-C, et al.** A medicinal herb, Melissa officinalis L. ameliorates depressive-like behavior of rats in the forced swimming test via regulating the serotonergic neurotransmitter. *J Ethnopharmacol 2015; 175: 266–272. doi:10.1016/j.jep.2015.09.018*

107. **Kim M, Lim H-S, Lee H-H, et al.** Role Identification of Passiflora Incarnata Linnaeus: A Mini Review. *J Menopausal Med 2017; 23 (3): 156–159. doi:10.6118/jmm.2017.23.3.156*

108 **Sarris J.** Herbal medicines in the treatment of psychiatric disorders: 10-year updated review. *Phytother Res 2018; 32 (7): 1147–1162. doi:10.1002/ptr.6055*

109 **Jawna-Zboińska K, Blecharz-Klin K, Joniec-Maciejak I, et al.** Passiflora incarnata L. Improves Spatial Memory, Reduces

Stress, and Affects Neurotransmission in Rats. *Phytother Res 2016; 30 (5): 781–789. doi:10.1002/ptr.5578*

110 **Csupor D, Lantos T, Hegyi P, et al.** Vitex agnus-castus in premenstrual syndrome: A meta-analysis of double-blind randomised controlled trials. *Complement Ther Med 2019; 47: 102190. doi:10.1016/j.ctim.2019.08.024*

111 **Martin-McGill KJ, Bresnahan R, Levy RG, et al.** Ketogenic diets for drug-resistant epilepsy. *Cochrane Database Syst Rev 2020; 6: CD001903. doi:10.1002/14651858.CD001903.pub5*

112 **Berk BA, Law TH, Packer RMA, et al.** A multicenter randomized controlled trial of medium-chain triglyceride dietary supplementation on epilepsy in dogs. *J Vet Intern Med 2020; 34 (3): 1248–1259. doi:10.1111/jvim.15756*

113 **Packer RMA, McGreevy PD, Salvin HE, et al.** Cognitive dysfunction in naturally occurring canine idiopathic epilepsy. *PLoS ONE 2018; 13 (2): e0192182. doi:10.1371/journal.pone.0192182*

114 **O'Heare J.** Das Aggressionsverhalten des Hundes. Ein Arbeitsbuch. Grassau: *Animal-Learn-Verl.; 2004*

115 **Kaulfuß P.** Untersuchungen zur Klassierung von abnormal-repetitiven Verhaltensweisen bei Hunden [Zugl.: Gießen, Univ., Diss., 2011]. édition scientifique. *Gießen, Lahn: VVB Laufersweiler; 2011*

116 **Dewey CW, Davies ES, Xie H, et al.** Canine Cognitive Dysfunction: Pathophysiology, Diagnosis, and Treatment. *Vet Clin North Am Small Anim Pract 2019; 49 (3): 477–499. doi:10.1016/j.cvsm.2019.01.013*

117 **Head E.** Combining an antioxidant-fortified diet with behavioral enrichment leads to cognitive improvement and reduced brain pathology in aging canines: strategies for healthy aging. *Ann N Y Acad Sci 2007; 1114: 398–406. doi:10.1196/annals.1396.004*

118 **Head E.** Oxidative damage and cognitive dysfunction: antioxidant treatments to promote healthy brain aging. *Neurochem Res 2009; 34 (4): 670–678. doi:10.1007/s11064-008-9808-4*

119 **Pan Y, Larson B, Araujo JA, et al.** Dietary supplementation with medium-chain TAG has long-lasting cognition-enhancing effects in aged dogs. *Br J Nutr 2010; 103 (12): 1746–1754. doi:10.1017/S0007114510000097*

120.**Pan Y.** Enhancing brain functions in senior dogs: a new nutritional approach. *Top Companion Anim Med 2011; 26 (1): 10–16. doi:10.1053/j.tcam.2011.01.002*

121. **Prpar Mihevc S, Majdič G** Canine Cognitive Dysfunction and Alzheimer's Disease – Two Facets of the Same Disease? *Front Neurosci 2019; 13: 604. doi:10.3389/fnins.2019.00604*

122 **Head E, Nukala VN, Fenoglio KA, et al.** Effects of age, dietary, and behavioral enrichment on brain mitochondria in a canine model of human aging. *Exp Neurol 2009; 220 (1): 171–176. doi:10.1016/j.expneurol.2009.08.014*

123 **Pan Y, Kennedy AD, Jönsson TJ, et al.** Cognitive enhancement in old dogs from dietary supplementation with a nutrient blend containing arginine, antioxidants, B vitamins and fish oil. *Br J Nutr 2018; 119 (3): 349–358. doi:10.1017/S0007114517003464*